科技，生活加值中

仿生技術 × 全像攝影 × 磁浮列車

科技就是人類和自然共譜的協奏曲！

盧祖齊——著

目錄

目錄

材料工程

交通運輸

工業科技

通訊傳播

雷射技術

目錄

前言

人類文明的發展史，實際上就是一部科技的發展史。科技的力量可以化腐朽為神奇，促進人類文明日新月異的發展，甚至以超乎想像的步伐改變人類文明發展的歷程。

放眼古今中外，人類社會的每一項進步都伴隨著科學技術的創新：日新月異的工業技術為我們找到了大自然的寶藏和能源；不可思議的生物技術不僅為病患開啟了希望之門，也改良了作物栽種過程與收成結果；包羅萬象的物理技術實現了古人千里傳音的夢想，也為他們彌補無法登天的遺憾；妙趣橫生的化學技術既為我們留下了精美的瓷器，也製造出用途廣泛的合金；而我們生活中還有更多不可或缺的貼身科技，幫我們處理堆積如山的垃圾，也極力挽救著日益惡化的地球環境。這些技術的突飛猛進，都為人類文明開闢了更廣闊的空間。

如今，科學技術的進步已經為人類創造了龐大的物質財富和精神財富。而隨著知識經濟時代的到來，它那永無止境的發展力和無限的創造力，也繼續為人類文明做出更加偉大的貢獻。

為了讓各位讀者了解更多科技知識，我們特意精心編寫了本書，從科技的起源、航空航太、生物醫學、材料工程、交通運輸、工業科技、通訊傳播、雷射技術、海洋工程以及能源工程等幾個方面，全面而詳細的介紹了科學技術的發展，以及科技為人類帶來的巨大進步。

同時，為了使內容更豐富，書中還增添了「小知識」一欄，以更靈活的形式，向讀者補充更多的科技知識。

前言

希望透過閱讀本書，年輕的朋友們可以補充自己的科技知識，並用知識充實自己的頭腦，為未來的科技發展及進步做出出色的貢獻。

科技起源

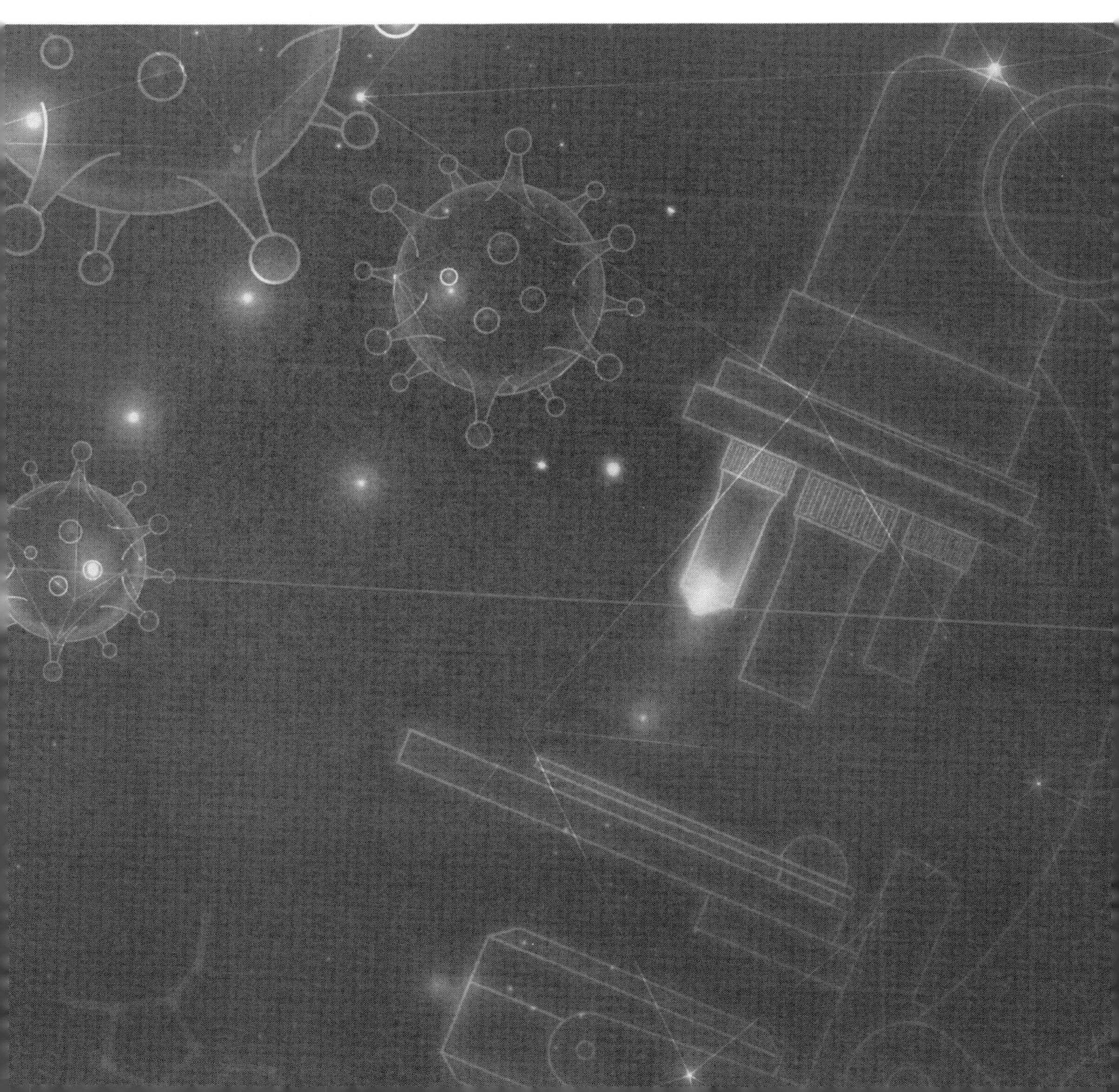

早期猿人

早期猿人是人類發展最初階段的代表，包括生活在更新世早期與更久以前（約相當於距今 250 萬～ 180 萬年左右）的人類，特徵是能夠直立行走，並能製造簡單的礫石工具。

根據已發現的森林古猿化石與足跡，可推算出他們約生活在 1,200 萬～ 900 萬年前，分布在歐、亞、非三洲，可能是人類和現代類人猿的共同祖先。森林古猿成群生活在熱帶或亞熱帶森林的樹上，靠摘取樹上的果實和林中可食植物為生，還沒有直立行走習慣。

直立行走

隨著地球上氣候的變化，林間空地和莽原出現，部分古猿來到地上尋找食物，牠們也許是覺得後肢站立令視野更開闊，便漸漸採取了這種姿勢。因為採集的食物需要攜帶，前肢便有了它們的任務。如此，猿學會了直立行走。

採集食物

學會直立行走的猿群最初用天然石塊和木棒作為肢體的延續，手握石塊和木棒，他們便能砸碎堅硬的植物果殼，並輕鬆挖出地下植物的根，或用以擊殺其他動物。無疑，新的生產工具是防衛敵人、以及與同類爭奪食物、地盤或異性的武器。

走出森林，到林中空地或莽原上尋求新生活的猿群，主要靠採集為生。石塊和木棒提高了採集效率，但收穫物並不如森林中豐富、易取得。在走出森林後，猿群開始撿拾池水溪河中的蚌蛤為食，並學會獵捕小動物。

在採集過程中，猿群對可食性植物和植物果實的熟悉，以及在最初的肉食生活中對水生、陸生動物的了解，為後來培育植物和狩獵、捕魚提供經驗。

打磨石器

約 380 萬年前，猿群學會了打製加工石英石、黑曜石、燧石和其他堅硬石塊，這些打製產品是粗糙、不規則的砍砸器、刮削器、尖狀器、石片器和手斧。對猿來說，這是工具使用的革命；對人類來說，這是歷史的開始。這些經過製作的石器，除了在砍砸時更有效率外，還能切割植物塊莖和肉類。人類進入了舊石器時代。

在使用舊石器的同時，早期猿人也使用木棒。東非的早期猿人以這種程度的科技生活了約 200 萬年（從 380 萬年前到 180 萬年前），終於在體質上進化為晚期猿人。

直至西元前 1 萬年左右，猿人製作石器的工藝並未再發生變化。不過，在其他方面，技術的發展也推動了人類由晚期猿人向早期智人、晚期智人轉變。

火的發現

學會用火是猿人在技術上的決定性進步。有人類學家認為，380 萬年前生活在東非肯亞的早期猿人已開始用火，170 萬年前生活在中國境內的元謀人則確定已經開始用火了。這是人類首次利用自然力量，這大大改變了猿人的生活品質。

利用火烤食物

已開始用石製工具採集和小規模狩獵的早期猿人，偶然發現被火燒過的某些植物種子和獸肉很好吃，於是開始主動利用火。

猿人對火的利用，最大好處就是把食物烤熟。熟食能使食物中的營養更容易被身體吸收，不但縮短消化過程，也使從前不宜食用的動、植物，尤其是魚類，可以食用了。這樣一來，食物來源擴大，並對人類肢體和大腦的發育產生有益的影響。

火可禦寒

由於猿人多居住在洞穴中，而火可以驅散洞穴中的潮溼，從而減少疾病的發生，也降低了死亡率。用火照明，為黑暗的洞內帶來光明，也方便晚間烤肉、分配食物、準備第二天的活動等。另外，在洞外的火堆還可以驅走趁著黑夜來襲的猛獸。

火改善了人類的生活品質，給人類更多安全感，並擴展了人類的生活空間，使生活於熱帶和亞熱帶的猿人得以向溫帶和寒帶緩慢遷徙，他們因而擺脫了人口成長或原居住地區食物來源減少帶來的危機。

人工取火

對於猿人來說，火焰難以攜帶，且火種不易保存。在新生活環境下，火越來越攸關猿人生死存亡，這也促使他們學會人工取火。

在舊石器時代中期，晚期猿人的後輩——早期智人，終於發明人工取火的方法。最早的人工取火方法可能是用燧石相擊點燃易燃物，或以木材相互摩擦生火。也許可以把能否用人工方法取火，看作從晚期猿人到早期智人的歷史分界線。

捕魚和狩獵

猿人在學會使用火後，水中動物的可食性增加，漁獵也成了晚期猿人的重要產業。他們用石塊或木棒打魚，或在水中捉魚。

最初的狩獵工具：石器和木棒是猿人狩獵的最初工具。火烤熟肉的美味刺激著狩獵者的興趣，用火烤硬尖端的木矛便成了狩獵的新武器。晚期猿人的狩獵活動具有相當的規模。

隨著晚期猿人活動領域向高緯度推進，冬季的活動需要用獸皮來遮風禦寒，這推動了狩獵活動的進行。同時，也正因狩獵活動規模的擴大和禦寒的需要，使得晚期猿人在後來發明了骨針。越來越多的骨器逐漸加入石器的行列中。

狩獵活動中不時有人員犧牲，帶給人類更多對死亡的感受，深深影響了人類的精神，並由此產生圖騰崇拜。與此同時，猿人在生存方式改變的過程中，逐漸摒除了雜亂的性關係，形成了血緣家族。

勞動的分工

對猿人來說，採集、捕魚和狩獵三者兼而行之。在血緣家族內部可能有分工，並隨活動區域和季節變化而改變。比如，夏季和初秋可能有較多捕撈活動，秋天是採集的大忙季節，而冬季和春天則可能是狩獵的高鋒期。

弓箭的發明

約 1.5 萬年前，是舊石器時代與新石器時代之間的中石器時代。當時人們已學會把石器鑲嵌在木棒或骨棒上製成鑲嵌工具，但此時最重要的發明是弓箭。

弓箭的出現，代表著人類首次把簡單工具改革成為複合工具，並學會利用彈性物質的張力。弓箭比起舊式的投擲武器射程更遠、命中率更高，而且攜帶方便。它先是提高了狩獵的效率，後來也一度成為戰爭的重要武器。

狩獵的高效率工具出現，幫助人類獵獲大量動物。在捕殺動物過程中，人類累積了更多動物方面的知識。然而，狩獵的高效率也使人們開始無計畫、無節制的盲目捕殺，導致食物來源陷入不穩，並產生危機。在氏族和部落形成後，自然界不再能滿足人類日益成長的肉食需求。於是，人類在約 1 萬年前進入新石器時代，開始創造新的生產方式 —— 原始農業和畜牧業。這時，人在體質上已經逐步趨近現代人。

小知識 —— 新石器時代

新石器時代是人類物質文化發展在石器時代的最後一個階段，以使用磨製石器為代表。這個時代，在地質年代上已進入全新世，繼舊石器時代後，經過中石器時代的更迭而發展起來，屬於石器時代後期。年代大約從 1.8 萬年前開始，結束時間從距今 5,000 多年至 2,000 多年不等。

新石器時代是磨製石器的時代。這些磨製石器由打製後的粗胚細加工而成，十分精美，其功能也較為專門化，如石斧、石槌、石刀。其次，由於人類開始了原始農耕，還發明了掘杖、木鋤、骨鋤和石鋤等。

這個時代，是人類尋找新生活地區和改變生活方式的時代。原本四處漫遊、狩獵的氏族和部落，也開始定居或較長期的居住於某處，從北緯 50 度到南緯 10 度之間的很多地方都是原始農業和畜牧業的地理範圍。

原始農業和畜牧業

隨著人類不斷發展，原始的農業和畜牧業也逐漸出現。

原始農業

原始農業是直接從採集業演化發展而來的。人們採集過去早就賴以為生的野生植物果實，先用火燒掉樹木荊棘，然後用掘杖或石鋤播種到土地上，成熟後再來收穫。

發明木犁和利用牛、馬、驢來耕種是晚一點的事。原始農業應用採集生活中累積起來的生物生長知識。播種了就能收穫，也證明人類是從實際操作了解事物的因果邏輯。由於自然環境的差異，世界各地所耕種的農作物不同。中東人最早種植小麥和大麥，中國人最早種植小米和稻穀，玉米、馬鈴薯和南瓜的故鄉則在中美洲與秘魯。

原始畜牧業

原始的畜牧業從狩獵活動中發展而來，從獵物之中飼養易於馴服的動物，並且讓其在馴養中生殖繁衍。

人類最早馴養的家畜可能是綿羊，接著是狗，然後是山羊、豬、牛、驢、象、馬、駱駝等。與採集和漁獵相比，原始農業和畜牧業的出現是一場產業革命，因為它代表人類已由單純依靠自然界現成的賜予，走向憑藉活動增加天然物產量。

這個革命是在新石器時代發生的，它使人類得到比較穩定的食物來源，因此有了相對固定的居住地點——原始村落。同時，由於畜牧業為農業提供利用牲畜耕作的可能性，農業獲得了進一步發展的新要素。

陶器和銅器的出現

在原始村落中，定居的人類出於取水的需求，或出於儲存、烹飪食物的需求，發明了陶器。陶器易碎，比石器輕，形狀、規格也不同，盛裝水和食物無異味，因此和木器同為家居生活主要器皿。可以確定的是，只有具有長期用火經驗的人類才能發明製陶技術。製陶技術也是後來冶銅煉鐵技術的基礎。

由於生活和生產狀況大致穩定、勞動和收入關係相對明確，具有婚姻關係的男女對偶婚制也陸續出現了。

在穩定的母系原始社會聚落裡，再次出現新技術革命，即金屬工具的出現。人們在燒製陶器的過程中，多次接觸金屬礦石，並逐漸學會冶煉它們。銅器作為石器、陶器、骨器、木器的補足，對生產或生活都相當必要。

在新石器時代晚期，人類已開始使用金、銀、銅和隕鐵等天然金屬。約西元前 3,000 年，人類發明了青銅。青銅是銅與錫的合金，熔點在 800°C左右，比純銅低，硬度比純銅高，易於鍛造，被用以製造武器、工具、生活用具和裝飾。

銅器時代，也是青銅器成為主要生產和生活器具的時代。不過，石器和其他器具並未被完全取代。

農業與手工業的發展

金屬工具的出現促進生產力的發展，同時也促使農業和畜牧業分開。在肥沃的河谷地帶，農業逐漸成為主要產業，餵養牲畜為其輔助；畜牧業則逐漸在草原、丘陵山地成為主要產業，以耕種、墾植為輔助。這是人類歷史上的第一次大型社會分工。

農業發展

農業具有相對固定的居住、活動地區，可重複利用已開墾土地，還可逐漸熟悉掌握該地的氣候和播種時節，利用金屬工具和家畜更方便。農業部落居住的河谷地帶因此承載了更多人口，發展得也較迅速。

最初的城市出現在適宜農耕的大河流域，在以農業為主的地區隨之出現了新的社會產業 —— 手工業。

手工業發展

手工業源於原始人製造工具的活動，在農業和畜牧業發展到能為人們提供相當充裕的食物來源時，手工業成為部分人專門從事的行業。

農業、畜牧業的發展，是手工業產生的先決條件；反之，農業需要新工具，農畜產品需要加工利用，是發展手工業的外在條件。於是，在以農業為主的地區發生第二次社會大分工：手工業和農業的分離。

手工業產生後，金屬的冶鑄、生產工具和生活器具的製造、製革、榨油、釀酒等，都逐步成為人們專門從事的行業。

在農業部落和畜牧部落分離後，農產品和畜產品有了流通、交換。在農業和手工業分離後，出現了以交換為目的的商品生產，一個新的社會行為因應而生 —— 商業。

語言和文字的出現

在猿向人轉化的過程中，由於猿人學會用工具來勞動，猿人間的合作越來越多，思想逐漸複雜，原來簡單的語言聲調不再能完整表達所要交流的資訊了，新的詞彙和語句被創造出來，語言也隨之發展豐富。

人類文明的序幕

人類語言的產生和發展與勞動關係密切。替工具、動植物命名、組織狩獵、分配勞動成果、調解糾紛和表達個人感情等，都是創造詞彙和新語言的機會。當部落、部落聯盟和最初的國家出現後，公共事務和宗教事務都需要用語言表達。

語言的產生推動了人的思考能力發展，使人的抽象思考、分析歸納、表達和理解能力都得到提升。一方面，語言推動了大腦進化，另一方面，語言使人類的勞動和社會互動品質提高。語言的產生，也揭開了人類文明的序幕。

圖像的出現

舊石器時代晚期到中石器時代，歐洲晚期智人在西班牙阿爾塔米拉洞（Cueva de Altamira）及法國南部拉斯科洞窟（Grotte de Lascaux）中創作了大量漂亮的野牛、野馬、野豬、鹿等動物畫和人像。

圖畫，是人類將自己對外部事物的印象用客觀記號表達的第一種形式，它只能描寫印象、表現自然，不能完全表現人內心的複雜思想過程和感情。

由於生活中需要記憶的事越來越多，如節日和祭祀日、不同集團間的協議和誓約等，個人的記憶力不夠精確，且對同一事件，不同人可能會有不同的記憶，這樣就需要有客觀的方式記載。

古人中有結繩記事的習慣，每個繩結所代表的具體事件只有記錄者才清楚。而圖畫所具有的直觀、確定性，恰好是記號所缺乏的。兩者在記錄事件、事物和思考方面重合了。

文字的出現

由對圖畫的簡化，以及對記號的改造，人類逐漸創造出了文字。

文字既可用來記事、記錄契約，還能表達人的思想感情。隨著人們之間的交流擴大，約定俗成的記號和象形文字被更多人接受，隨後在這些人中也創造出越來越多被大家認同的記號和符號來。於是，特定的氏族文字產生。

從古代文字到現代，文字經歷了複雜的演變。現代漢字的祖先可追溯到殷商的甲骨文，直至半坡村彩陶上的符號。西方文字的始祖可追溯到古代西亞腓尼基人文字，乃至古埃及人的象形文字和古巴比倫楔形文字。

文字的產生，表示可跨越時空傳遞資訊的工具出現了。有了文字，人類有了記載的歷史；有了文字，以描述人類感情和命運為使命的文學流傳和影響更為廣遠；有了文字，人類的生產經驗和科學技術知識得以記載下來，而不被遺失。

小知識 —— 象形文字

象形字來自於圖畫文字，但圖畫性減弱，象徵性增強，是一種最原始的造字方法。它的局限很大，因為有些實體事物與抽象事物是畫不出來的。因此以象形字為基礎，漢字又發展成表意文字，增加了其他的造字方法，例如六書中的會意、指事、形聲。然而，這些新的造字方法，仍建立在原有的象形字上，以象形字作基礎，拼合、減省或增刪象徵性符號而成。

現時世上最廣為人知的象形文字，是古埃及的象形文字 —— 聖書體。約 5,000 年前，古埃及人發明了一種圖形文字，稱為象形文字。這種字寫起來緩慢又很難看懂，因此大約在 3,400 年前，埃及人又發明一種寫得較快、較易使用的字體。

現時中國西南部納西族所採用的東巴文和水族的水書，是現存世上唯一仍在使用的象形文字系統。隨著時光的流逝，最終連埃及人自己也忘記了如何辨認象形文字了。若不是因為拿破崙大軍入侵埃及時，隨軍法國古文字學家們發現的羅塞塔石碑，至今考古學家們仍極有可能無法辯認這種文字。

知識的起源

人類最早的知識是生物學知識，因為採集是人類最早的勞動，植物性食物最初就是主要的生活必需品。

生物學知識

人類從採集生活中累積起植物相關的知識；從狩獵生活中累積起動物相關的知識。在狩獵和食肉生活中，原始人不但獵捕弱小的動物，還利用石塊、木棒、木矛和火焰殺死比自己更強、更凶猛的動物，並習得周圍動物的習性和出沒等生活規律。替與自己生活密切相關的植物和動物命名，展現了把知識概括起來的企圖。

原始人對動、植物知識的累積，引導他們選擇出豐產植物和性格良善的動物來養育，進一步累積養育動、植物等方面的知識。

力學知識

從製造石器、木器和建造房屋中，人類累積起最初的力學知識，主要關於各種材料的硬度、強度、彈性等方面，如弓箭就是應用這些知識的傑作。

在建造房屋和開墾農田中，人類發現槓桿原理，在運用中逐步累積相關知識。同樣，獨木舟的發明，說明人們也已經了解了水的浮力。

醫藥學知識

在艱苦惡劣的生活環境中，原始人與疾病和死亡為伴。最初在治療疾病方面的嘗試，大概就只有休息，但這只是病人身體對疾病的自然反應。最初治病的藥物或許是植物藥物，後來還有動物身上的一些特殊器官。礦物性藥物也被應用於部分原始人之間。

在處理外科狀況上，除了為傷口敷藥，還可做一些手術處理。約 3 萬年前，克羅馬儂人已能用燧石工具施行外科手術。

遠古人們靠經驗對付疾病，且大多數治療具有探索性質。一方面，對藥理尚不完全明白；另一方面，對病症也未必判斷準確。

化學知識

從用火後，人們逐漸累積了化學知識。此前人們對燃燒現象及動、植物腐爛僅只是觀察。有了火後，雖然人們對燃燒中的物質變化原理，及沸水中食物為何變味並不了解，但卻在生活中利用了化學。人工取火甚至代表著從物理活動到化學活動的首次轉化。製陶也是使黏土、高嶺土在高溫下透過化學途徑改變物理性能的工藝。

國家產生後，化學製造的傑作是發明釀酒。在東方，傳說夏代的少康帝發明了酒。

天文、地理知識

原始人在遷徙和夜間狩獵活動中，也慢慢累積起天文、地理知識。原始人不但能清楚辨認周圍地形，還學會根據星辰位置辨別方向，而且能根據經驗判斷天氣變化。

以耕種為生的民族或遊牧部落都需要確定季節，從而加快了天文學知識累積。空中最顯眼的是太陽、月亮、行星的運行，恆星方位相對固定，週期性容易觀察。

在原始時代，多數民族的天文學都是為制定曆法服務。曆法除了能確定四季循環的時限外，還能確定宗教、世俗節日，人們用天上日月星辰的週期性作為地上生活的節律。早期天文學知識在占卜方面的應用比曆法方面更受重視。

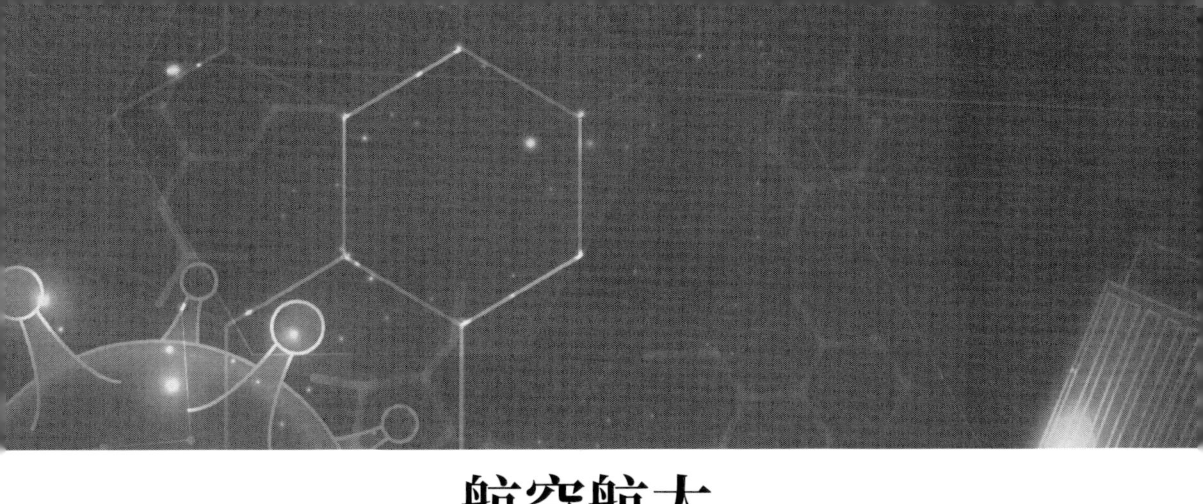

航空航太

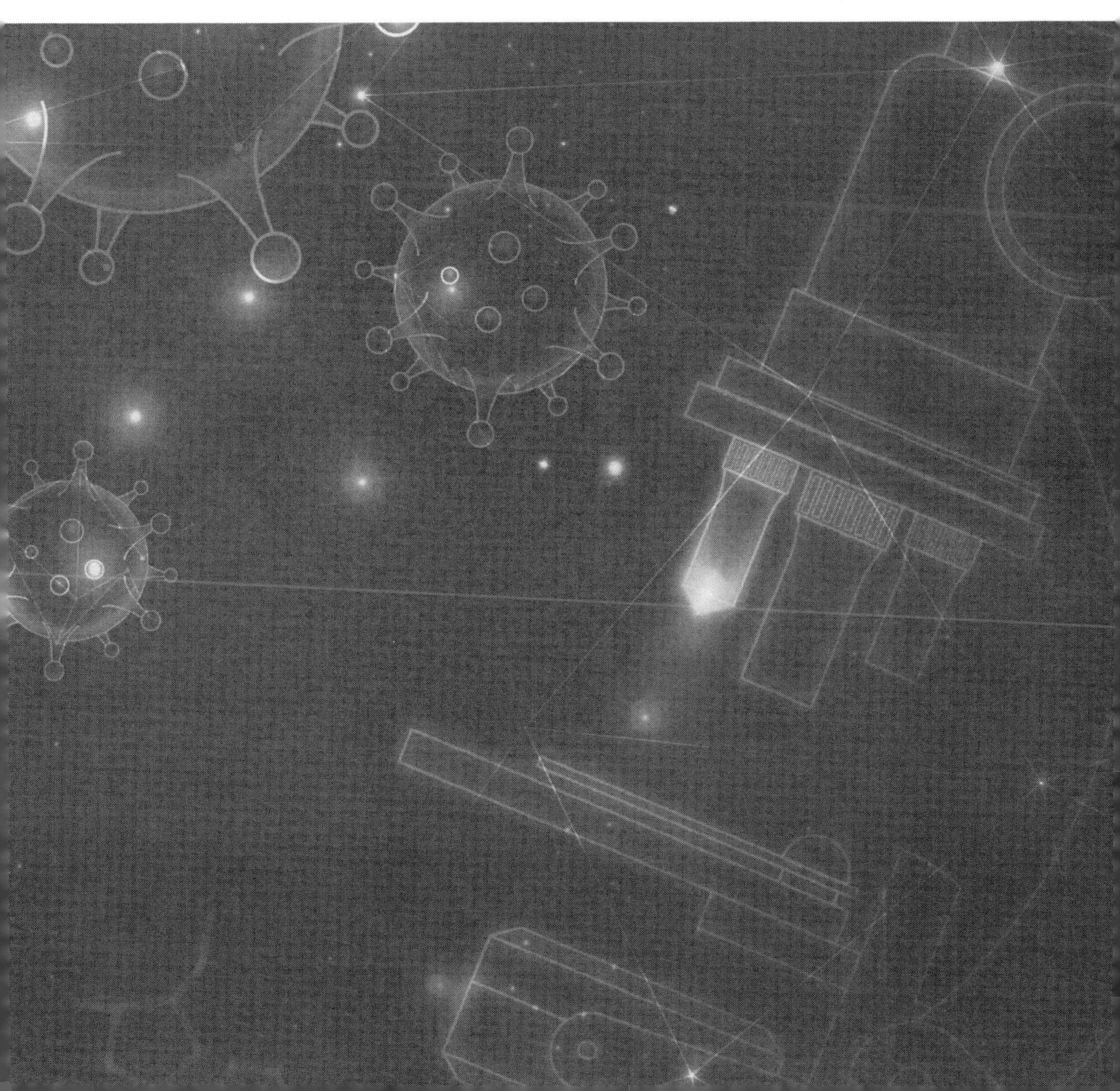

航空飛行器

說起航空飛行器，人們一定會先想起飛機。其實，飛機只不過是飛行器的一種。更確切的說，飛機只能算是航太飛行器的一種。

若是單講飛機，大家熟知的美國奮進號太空梭、哥倫比亞號太空梭也是飛行機器，不過它們卻屬於另一個新的家族，主要在太空中飛行，而不是在湛藍湛藍的天空中翱翔。

那麼，到底什麼是航空飛行器呢？

航空飛行器，簡單說就是指在地球大氣層中飛行的器械。地球大氣層很厚，可以分很多層。在最下面的有對流層和平流層，空氣較為稠密。尤其是對流層，空氣流動性大。幾乎所有航空飛行器都在這兩層中飛行，高度大約有 80,000 公尺。

航空飛行器種類繁多，家族齊全。從地上 10 公分，到肉眼無法看見的幾萬公尺高度，都有我們各顯神通的飛行家族。從用途來說，有專門執行某一任務的，也有善使多般武藝的。從其形狀來看，也叫人歎為觀止，有的長長的，像一條長龍；有的高高的，像一個擎天巨人；有的圓圓的，像一個臉盆；有的怪怪的，像一個馬戲團丑角。劃分這些五花八門、千奇百怪的航空飛行器有點困難，因為航空飛行器常常具有多重特色，從形狀、性能、飛行用途等都可以作為歸類的標準，這裡只以它們的飛行原理劃分。

小知識 —— 氣球的特殊用途

氣球是實現人類升天夢想的第一個工具，其原理是空氣的浮力。西元 18 世紀初，巴西出生的神父巴托洛穆（Bartolomeu Lourenço de Gusmão）發明了熱氣球模型，該氣球在葡萄牙里斯本的商業組織「印度之家」室內試飛。

1783年，法國造紙工人約瑟夫—— 米歇爾·蒙格斐耶（Joseph-Michel Montgolfier）又用亞麻布做成了一個直徑30公尺的大氣球。該氣球充滿熱空氣，並上升到1,800公尺高，飛行2,000公尺。1785年，物理學家德霍齊耶（Jean Francios Pilatre de Rozier）乘坐充滿氫氣的氣球試圖飛越英吉利海峽，不幸發生史上第一起有人傷亡的空難。

氣球在軍事上也有廣泛應用。二戰時，英國、蘇聯曾在倫敦、莫斯科上空布置氣球，有效阻止德國飛機入侵。

但是，氣球的高度有很大限制。到目前為止，熱氣球的最高高度僅16,805公尺，氫氣球和氦氣球的最高紀錄為34,668公尺。另一方面，氣球飛行路線飄忽不定，受風力影響很大。

隨著現代科技的發展，氣球上配置了新能源、新材料、新設備。

飛船的出現

飛船是一種輕於空氣的航空器，它與氣球最大的差別，在於具有推進和控制飛行狀態的裝置。

飛船的組成

飛船由巨大的流線型船體、位於船體下面的吊艙、控制穩定的尾翼、方向舵和引擎組成。船體的氣囊內充滿氣體，藉以產生浮力使飛船升空，吊艙供人員乘坐和裝載貨物，尾翼和方向舵用來控制和保持航向、俯仰的穩定。

飛船的分類

飛船屬於浮空器的一種，也是利用輕於空氣的氣體來提供升力的航空器。

根據工作原理的不同，浮空器可分為飛船、繫留氣球和熱氣球等，其中飛船和繫留氣球軍事利用價值較高。而從結構上來看，飛船又可分為三種類型：硬式飛船、半硬式飛船和軟式飛船。

飛船和繫留氣球的主要區別，在於前者比後者多裝載了推進系統，可以自行飛行。飛船分有人和無人兩類，也有繫纜和未繫纜之別。

硬式飛船是由其內部骨架（金屬或木材等製成）保持形狀、抵抗變形的飛船，外表覆蓋著蒙皮，骨架內部則裝有許多充滿氣體的獨立氣囊，為飛船提供升力；半硬式飛船要保持其形狀主要是透過氣囊中的氣體壓力，另外也在氣囊內部裝設龍骨支撐。

西元 1920 年代，一艘義大利製造的半硬式飛船從挪威前往阿拉斯加的途中穿過了北極點，這是人類歷史上第一架到達北極點的飛行器。

飛船的原理

飛船獲得的升力，主要來自其內部充滿的比空氣輕的氣體，如氫氣、氦氣等。現代的飛船，通常都使用安全性較佳的氦氣，另外飛船上安裝的引擎也提供部分的升力。引擎提供的動力主要用在飛船水平移動以及艇載設備的供電上，所以飛船比現代噴射機更節能，而且對於環境的破壞也較小。

撲翼機

撲翼機，指能像鳥一樣扇動翅膀飛行的機器。

古人的撲翼機，「機翼」用鳥禽羽毛做成，「機身」是活人。現代人設計的撲翼機翅膀則由各種合成材料做成。

中國在西漢時期，曾有人用大鳥羽毛製成兩個特大的翅膀，該人扇動翅膀從高處飛下，據說飛了幾百步遠。

在西元 15 世紀的義大利，達文西設計了一種像鳥一樣撲動翅膀的機械。機械裝有翅膀，能用腳踩動，它也許可說是現代撲翼機的前身。達文西從飛禽的解剖中發現：鳥的臂肌相當有力，而人的臂肌強度不足。人即使能像鳥一樣快速扇動翅膀，也難以應付血液供給。換句話說，人的心臟跳動和代謝功能比不上鳥類。

隨著現代材料、動力、加工技術，尤其是微機電技術（MEMS）的進步，人類已經能夠製造出近乎實用的撲翼飛行器。這些飛行器從原理上可以分為仿鳥撲翼和仿昆蟲撲翼，以微型無人撲翼機為主，也有大型載人撲翼機試飛。仿鳥撲翼的撲動頻率低，機翼面積大，類似鳥類飛行，製造較容易；仿昆蟲撲翼撲動頻率高，機翼面積小，製造難度高，但懸停較為方便。

現代撲翼雖然比過去更能飛行與控制，但距實用仍有一定距離，近期內仍無法廣泛應用，只能用在一些特殊任務中，例如城市反恐中的狹小空間偵查。

現代撲翼需要解決的主要問題，是空氣動力效率低、能源搭載與機體難以構成平衡、材料品質要求高、有效載荷小等。以空氣動力問題為例，微型撲翼屬於低雷諾數下的非穩態運動，目前仍無法完全了解撲翼撲動過程中的流動模型和準確的氣動力變化，也沒有完善的分析方法可以用於撲翼氣動力計算，相關研究主要依賴實驗。

小知識 —— 滑翔機

目前，現代撲翼機並未被真正製造出來。人們用人力作撲翼飛行實驗時，衍生出了另一種飛行器 —— 滑翔機。

滑翔機飛行原理與鳥的滑翔原理相同，鳥在飛到一定高度時，利用空氣阻力或迎面而來的氣流，可以展開翅膀滑翔。鳥在滑翔時一動不動，滑翔機在滑翔時也不需要動力，但是升高是個難題。

萊特兄弟最早製造的雙翼風箏滑翔機，透過拉力牽引升入空中。現在的滑翔機不少都裝有小型活塞式引擎，既可自由起飛，也可在空中無動力自由滑翔。

滑翔機在遇到氣流時也可上升，稱為翱翔。現代滑翔機主要作為一種體育運動。

人力飛機

飛機的飛行原理和風箏相似。風箏在被人拉著跑時，常能越升越高。飛機也一樣，飛機在向前滑行時，由於速度加大，迎面而來的風也很大。這股風一部分跑到飛機的機翼上方，流速較大，因此空氣壓力小；而流過機翼下方的氣流由於空氣通道狹窄，流速小，以致壓力大。空氣是對流的，壓力大的空氣向壓力小的地方跑，產生從下往上的升力，飛機就被空氣抬起來。

人力飛機普遍使用固定的機翼，由於腳比手力氣大，通常由腳踩提供力量。

西元 1936 年，德國人海斯勒（Helmut Hässler）與維林吉（Franz Villinger）製造出第一架腳踏飛機，飛行了 40 秒鐘。1961 年，英國 3 名大學生製造出一架人力飛機，其主體是一輛自行車，飛行約 50 公尺。1977 ～ 1979 年，美國滑翔機運動員麥克里迪（Paul MacCready）製造的蟬翼信天翁號人力飛機，成功飛越了英吉利海峽。

此後，麥克里迪父子設計的人力飛機「仿生蝙蝠」，成功在 3 分鐘內沿三角航線飛行 1,500 公尺，象徵人力飛機的發展前程可待。

螺旋槳飛機

螺旋槳飛機，指用螺旋槳產生拉力的飛機。螺旋槳如同風車的葉片，但風車是利用氣流使葉片轉動，螺旋槳飛機是用螺旋槳使飛機沿氣流爬升。

早期螺旋槳是用木頭做的，後來改用鋼製，但槳轉得太快，磨損很大，鋼製一樣會折斷。最令人抓狂的是，飛機一旦接近音速，即 340 公尺 / 秒時，螺旋槳就會開始失控。原來，飛機在接近音速時，其周圍空氣來不及流走，像一面牆堵在飛機前面，飛機只好裹足不前。當時，這一飛行難題稱為音障。

螺旋槳飛機耗油量小，造成的環境污染也小。如今用途不追求高速的飛機，如農業飛機，仍常以渦輪螺旋槳引擎為動力。

噴射機

噴射機就是針對上述音障問題而誕生的。

噴射機的製造原理，利用的是牛頓的第三定律：作用力與反作用力。飛機在噴射氣流時會產生巨大的反作用力，而這股反作用力就能推動飛機前進。古代戰場上使用的火箭、現代航太發射的運載火箭，原理都同出一轍。

現代噴射機通常使用渦輪噴射引擎。古代的走馬燈其實就是現代渦輪噴射引擎的雛型，渦輪如同走馬燈的燈片，當燃燒室的油點燃後，熱氣推動渦輪高速旋轉，並向後噴出，推動飛機前進。西元 1939 年 8 月 27 日，世界上第一架渦輪噴射機由德國亨克爾飛機製造廠製造並試飛成功，速度 177 公尺 / 秒。

1947 年，美國生產出一架 X-1 型超音速飛機。該機利用火藥爆炸後噴出的氣體推動飛機前行，並首次突破音障，打破音速不可超越的神話。

1953 年，美國生產了 F-100 超級軍刀噴射戰鬥機，速度 442 公尺 / 秒。此後，各種軍用、民用飛機都採用噴射機。

太陽能飛機

太陽能飛機上面布滿了太陽能板，產生的電流輸入馬達後，螺旋槳開始轉動，使飛機起飛及飛行。

西元 1980 年 11 月 20 日，美國太陽挑戰者號飛機首次試飛成功。1981 年 7 月，該機用 5 個小時成功飛越英吉利海峽。

太陽能飛機很輕，結構多使用碳纖維材料，機身上覆有一層聚酯薄膜，並安裝 1.6 萬塊太陽能板。太陽挑戰者號的飛行速度是 5.4 萬公尺 / 小時，飛行極限為 3,300 公尺，實用性不高。

核能飛機

核能飛機迄今尚未真正問世。這種飛機上面安裝了核反應爐，用金屬鈾－ 235 作為燃料。它的原子核受中子撞擊，分裂後釋放中子，並釋放能量。但是，核分裂會產生對人體有害的核輻射，因此必須採用保護層進行隔離。

美國曾研發出核能噴射引擎，但由於其隔離防護設備太過龐大，難以安裝在飛機上，最後耗費巨資、花了 15 年的研發計畫最終流產。

直升機

直升機不是飛機，它是一種直上直下的飛行器，與螺旋槳飛機算是親戚。

螺旋槳飛機的槳裝在飛機前面，使飛機向前推進，受力與地面垂直。但如果螺旋槳裝在飛機上部，那麼飛機的受力會與地面平行，向前的推力會變成向上的升力。

直升機起飛原理與竹蜻蜓相似。大約 1,600 年前，中國晉朝的葛洪就描寫過具備升力螺旋槳的竹蜻蜓；後來，竹蜻蜓傳到歐洲，啟發科學家和技術人員造出直升機。

西元1483年，義大利達文西提出旋翼直升機的設想，並製作出草圖。1754 年，俄國羅莫諾索夫（Mikhail Lomonosov）進行了直升機旋翼模型實驗。1939 年，俄國人西科斯基（Igor Ivanovich Sikorsky）研發出第一架投入量產的直升機 VS-300，並試飛成功。

直升機尾部有一個螺旋翼，用途等同方向舵，同時還可抵消大螺旋翼對直升機的旋轉力。有些大型運輸機乾脆使用兩個大螺旋翼，其功能相同，兩個螺旋翼的方向相反，能抵消它們對直升機的旋轉力。直升機只要操縱整個旋翼，使之傾斜，就可改變飛機受力方向，自動前行。

小知識 —— X 翼機（X-Wing）

X 翼機是直升機和普通飛機的混種。X 翼機上面有直升機旋翼，可直起直落。當它的「X」形大旋翼停止轉動時，就變成一般飛機的機翼。平直伸出的機翼受到的阻力大，飛行速度低；斜形伸出的機翼，兩側向後斜出或向前斜出，或乾脆一邊向前、一邊向後，可以提高速度，於是就有了前掠翼飛機、斜直翼飛機、後掠翼飛機等。

X 翼機可把它的 X 型旋翼調節成任何形狀，充當特別形狀的機翼，達到一般直升機無法達到的速度。

翼地效應船

西元 1960 年代，海上出現一種怪物：其形狀像船，卻不在水上航行；像飛機，卻不在高空飛翔，它緊貼水面，不高不低的向前飛。這就是翼地效應船。

其實，翼地效應船是船也是飛機。它不但可以在水面迅速滑行，而且能在水面以上幾公尺乃至三、四十公尺的低空飛行，所以人們稱它為飛翼船，或者叫它超低空飛機。

翼地效應船利用航行時船翼貼近水面的表面效應所產生的空氣升力，使船體脫離水面，在接近水面的空氣中飛行。

翼地效應船裝有寬大的機翼。當船在水面高速運動時，流經機翼與水面的空氣流由於受到突然阻滯，機翼下面的壓力升高，形成氣墊，把船體托出水面；再靠空氣螺旋槳或渦輪噴射引擎推進飛行。如果升力超過船的重量，就能飛離水面。

一般飛機在空中飛行時，機翼下面的高壓氣流會向機翼兩邊擴展，繞過兩邊翼梢，到達上翼面，形成渦流，產生阻力。但是，當機翼貼近水面飛行時，由於水面阻滯氣流向兩側擴展，大大削弱機翼的渦流，使阻力大為下降，所以翼地效應船能以高速沿著水面滑行，並且穩定的超低空飛行。

翼地效應船形式繁多，主要有飛機型、飛翼型和雙體型三大類。無論哪一類型，它的動力裝置都有兩套：一個是在起飛時用的，動力較大；另一個是為了在正常飛行時推進，動力較小。這種獨具匠心的設計，既實用經濟，又新穎別致。

小知識 —— 翼地效應船的廣泛發展

從西元 1960 年代起，許多國家相繼製造出了翼地效應實驗船，最高航速達每小時 300 多公里。

翼地效應船航速高，航行平穩，是極為理想的客船。在軍事上，超低空飛行能躲避敵方雷達搜索，也能擺脫敵人潛艇跟蹤，隱蔽性高。翼地效應船裝上相應的起落裝置，還可以在水、陸、冰雪、沙漠和沼澤地上起飛及降落，成為多用途的高速運輸工具。

近年來，俄羅斯又宣布建成了世界上最大的「鷹」級沿海客運翼地效應船，全長 58 公尺，最大起飛重 125 噸，最大商載 28 噸；內設兩層客艙，每層可乘 150 人；航速為每小時 400 公里，航程可達 2,000 公里；還建成了一種「河上客車」雙體飛翼船。這種船吸收了雙體船的優點，與單體船比較，提高了有效負載量及航行的穩定性、安全性。

氣墊船

在船隻底盤上裝一個大風扇往下吹風，將空氣壓縮，形成高壓空氣區，如同氣墊，故稱氣墊船。由於船隻上部氣壓小，形成一種垂直於地面的升力。船隻升起後，再靠其他馬達就可向前後左右方向飛行。

雖然此處介紹的是氣墊「船」，但這種飛行方式可用於水面和地面，據說，氣墊汽車和氣墊火車都可以製造，各種交通工具都可以飛起來，成為一種飛行器。其中氣墊火車時速可達 400 公里 / 小時，但地面由於障礙多，運行過程會揚起大量塵埃，造價昂貴，實用性不高。

俄羅斯和英國曾經聯合研發過一款氣墊船，由兩組引擎提供動力，這兩組引擎分別為氣墊船提供垂直和水平的機動能力，利用引擎噴出的氣體形成氣墊將其托於空中，貼近海面飛行，該氣墊船全長 73 公尺，翼展 50 公尺，可在離海面 14 公尺處飛行；也能在海、陸面的簡易機場降落，最大巡航速度為 560 公里 / 小時，可載客 400 人。

磁性飛機

磁性飛機，也就是磁浮列車，這種火車不接觸軌道，在離地 10 公分的上空平穩飛馳。準確來說，它應叫磁性飛機。

磁性飛機的道理很簡單：磁力同極相斥，異極相吸，當列車與軌道因為磁性相同而相斥時，車身就浮在空中了。

電磁浮原理早已被提出，但是磁性飛機誕生不超過半世紀，讓它化為現實應歸功於超導材料。西元 1970 年代，科學家發現一種超導體材質，它在超低溫時電阻極小，用它導電，產生的磁力很大，甚至能頂起列車。磁浮列車上都裝有超導磁體，上有水平推進裝置。

磁浮列車速度很快，每小時可達幾百～上千公里，是非常高速的運輸工具。由於它沒有污染，非常安全，因此也受到越來越多國家的重視。

火箭

火箭是以熱氣流高速向後噴出，利用產生的反作用力向前運動的噴射推進裝置。配備有燃燒劑與氧化劑，不依賴空氣中的氧助燃，既可在大氣中，又可在外太空飛行。火箭在飛行過程中隨著火箭推進劑的消耗不斷縮小，是變質量的飛行體。

現代火箭可作為快速遠距離運送工具，如探空、發射人造衛星、載人飛船、空間站的運輸工具，以及其他飛行器的助推器等。

火箭是目前唯一能使物體達到宇宙速度，克服或擺脫地球引力，進入宇宙空間的運輸工具。火箭的速度與引擎的噴射速度成正比，隨火箭的質量比增大而增大。

小知識 —— 第一枚液體燃料火箭

西元 1926 年 3 月 16 日，在大雪覆蓋的美國麻薩諸塞州奧本郊外的沃德農場，戈達德（Robert Goddard）檢查了發射架，把一枚長 3.04 公尺、重 5.5 公斤的小型液體燃料火箭安裝上去。他和助手仔細檢查了火箭頂端長 0.6 公尺的火箭引擎，又依次檢查發射架下部的兩個液體氧氣和煤油儲存箱，還有燃料閥門和輸送管道。當準備工作全部就緒後，下午 2 點 30 分，正式點火發射。

這是戈達德研發的液體燃料火箭，耗費這位註定要載入史冊的科學家 20 多年的心血。一聲巨響，火箭引擎尾部噴射出熊熊火焰，火箭離開發射架向空中飛去。火箭飛行了 2.5 秒，上升高度為 12 公尺，墜落後離發射架 56.12 公尺。世界上第一枚液體燃料火箭就這樣發射成功了。

1930 年 7 月 15 日，戈達德在第一個飛越大西洋的飛行員林白（Charles Lindbergh）的幫助下，從著名富豪古根漢家族（Guggenheim）那裡籌得資金，把實驗基地遷到新墨西哥州羅斯威爾東北的梅斯卡勒羅農場。同年 12 月 30 日，又一枚哥達德火箭實驗成功，發射高度 610 公尺，飛行距離 300 公尺，速度達到每小時 800 公里。

軍用偵查衛星

人們收看的電視實況轉播節目，常透過衛星傳送訊號。不過，衛星的功能可不止如此，人們每天的生活都離不開衛星，如氣象預報使用的衛星雲圖、新聞中的衛星連線、登山或航海時使用的衛星電話等。以下將從軍用偵察衛星開始介紹一系列衛星。

軍用偵查衛星的分類

軍用偵察衛星是在空中對他國進行祕密偵察的衛星，因此又稱為間諜衛星。

根據執行任務和偵察設備的不同，偵察衛星可分為照相偵察衛星、電子偵察衛星、海洋監視衛星和預警衛星。我們通常所說的偵察衛星，通常是指照相偵察衛星，又分為光學照相偵察衛星和雷達照相偵察衛星。

照相偵察衛星的影像，實際上和我們平時用照相機拍照所得到的照片並無區別，由許多肉眼難以分辨的像點組成，類似我們常說的手機、數位相機的像素。像素點越小，照相可辨認的細節尺寸越小。

地面解析度是衡量照相偵察衛星技術水準的重要指標。通俗的說，地面解析度是能夠在照片上區分兩個目標的最小間距，它並不代表能從照片上識別地面物體的最小尺寸。一個尺寸為 0.3 公尺左右的目標，在地面解析度為 0.3 的照片上只是一個像素點，不管把照片放大多少倍，它只是一個像素點。通常來說，從照片上能夠識別目標的最小尺寸應等於地面解析度的 5 ～ 10 倍，以地面解析度 0.3 舉例的話就是 1.5 ～ 3 公尺。

偵查衛星的級別

根據衛星照片不同的使用目的，對地面解析度具有不同需求，偵察衛星共分為四級。

第一級是發現，指大致知道目標形態，從照片上僅僅能判斷目標的有無；第二級是識別，指發現目標較為細緻，能夠辨識目標，例如是人還是車，是大炮還是飛機；第三是確認，能詳細區分目標，從同一類目標中指出其所屬類型，例如車輛是卡車還是公共汽車，房子是民房還是軍隊營房；第四是描述，能更細緻的知道目標的具體形狀，識別目標的特徵和細節，例如能指出飛機、汽車的型號和艦船上的裝備等。

在這四級中，「發現」需要的地面解析度最低，「描述」所需要的地面解析度最高。

世界上最先進的照相偵察衛星是美國的 KH-12 高級鎖眼可見光偵察衛星，其解析度有 0.1 ～ 0.15 公尺，具有「極限軌道平臺」之稱。然而，這只是它的最高解析度，實際上絕大多數時間內根本達不到。

首先，KH-12 衛星是運行在近地點 322 公里、遠地點 966 公里的太陽同步軌道上，達到最高解析度，需要達到衛星的近地點，而在軌道的其他地方，地面解析度都會有所下降；其次是衛星在偵察時需要有極高的能見度，濃霧、煙塵、雲層都會使其偵察效果大打折扣，甚至根本無法使用。

通訊衛星

通訊衛星是無線電通訊中繼站的人造地球衛星。通訊衛星反射或轉發無線電訊號，可以實現衛星通訊在地球站之間或地球站與太空載具之間的通訊。

通訊衛星是各類衛星通訊系統，或衛星廣播系統的一部分。一顆靜止軌道通訊衛星的通訊範圍大約能夠覆蓋地球表面 40%，覆蓋區內任何地面、海上、空中的通訊站都能同時相互通訊。在赤道上空等間隔分布的三顆靜止通訊衛星可以達成除兩極部分地區外的全球通訊。

西元 1958 年 12 月，美國發射世界上第一顆實驗通訊衛星。1963 年，美國和日本透過中繼 1 號衛星第一次進行橫跨太平洋的電視傳輸。

通訊衛星的分類

通訊衛星按軌道分，可分為靜止通訊衛星和非靜止通訊衛星；按服務區域的不同，可分為國際通訊衛星和區域通訊衛星，後者又稱為國內通訊衛星；按用途分，可分為專用通訊衛星和多用途通訊衛星，前者如電視廣播衛星、軍用通訊衛星、海事通訊衛星、跟蹤和資料中繼衛星等，後者如軍民合用的通訊衛星，兼有通訊、氣象和廣播功能的多用途衛星等。

「國際信使」

作為無線電通訊中繼站，通訊衛星像一個國際信使，收集來自地面的各種「信件」，再投遞到另一個地方的使用者手中。

由於它「站」在 3.6 萬公里的高空，「投遞」的覆蓋面積非常大，一顆衛星就可以負責 1/3 地球表面的通訊。如果在地球靜止軌道上均勻地放置三顆通訊衛星，便可以實現除南北極之外的全球通訊。當衛星接收到從地面上的遙傳追蹤指令站發來的微弱無線電訊號後，會自動把它變成高功率訊號，再送到地面接收站，或傳送到另一顆通訊衛星上後，發到地球另一側的地面接收站上，這樣，我們就能收到從很遠的地方發出的訊號。

通訊衛星通常運行於地球靜止軌道，這條軌道位於地球赤道上空 35,786 公里處，衛星在這條軌道上以每秒 3,075 公尺的速度自西向東繞地球旋轉，繞地球一周的時間為 23 小時 56 分 4 秒，恰與地球自轉一周的時間相等。因此，從地面上看，衛星就像掛在天上不動一樣，這讓地面站的工作方便多了。地面站的天線可以固定對準衛星，晝夜不間斷通訊，不必像跟蹤那些移動不定的衛星一樣而四處「晃動」，使通訊時間時斷時續。

現在，通訊衛星承擔著大部分跨洋、跨洲的全球即時通訊，包括電視傳輸等工作。

通訊衛星的發展

通訊衛星是世界上應用最早、應用最廣的衛星之一，許多國家都發射了通訊衛星。

1965 年 4 月 6 日，美國成功發射世界第一顆付諸實用的靜止軌道通訊衛星——國際通訊衛星 1 號。到目前為止，該型衛星仍然持續發展，每一代都在體積、重量、技術性、通訊能力、衛星壽命等方面有比過去更出色的表現。

蘇俄的通訊衛星命名為「閃電號」，包括閃電 1、2、3 號等。由於蘇俄國土遼闊，閃電號衛星大多數不在靜止軌道上，而在一條偏心率很大的橢圓軌道上。

導航衛星

導航衛星應用在地面、海洋、空中，是用於空間導航的人造地球衛星。

導航衛星屬於衛星導航系統的空間部分，它裝有專用的無線電導航設備。使用者接收衛星發來的無線電導航訊號後，透過時間測距或都卜勒定位，分別獲得使用者相對於衛星的距離或距離變化率等導航參數，並根據衛星發送的時間、軌道參數求出在定位瞬間衛星的即時位置座標，從而定出使用者的地理位置座標（平面或立體座標）和速度向量分量。

西元 1960 年 4 月，美國發射了第一顆導航衛星子午儀 1B。此後，美國、蘇聯先後發射子午儀宇宙導航衛星系列。透過國際間合作，還發射了具有定位能力的民用交通管制和搜救衛星系列。

科學探測衛星

科學探測衛星是用來進行空間物理環境探測的衛星。

科學探測衛星的出現，改變了人類從地面上觀測天地的傳統。它攜帶各種儀器，穿過大氣層，自由自在、不受干擾的為人類記錄大氣層、空間環境和太空天體的真實資訊。而這些寶貴資料，又為人類登上太空、利用太空，提供了攻略指南。

世界各國最初發射的多是這類衛星，或是技術實驗衛星。

「探險者一號」

美國發射的第一顆衛星「探險者一號」就是一顆科學探測衛星，之後探險者發展成了一個科學衛星系列，到西元 1975 年，這個系列共發射了 55 顆，有 53 顆進入軌道。它們的主要任務是探測地球大氣層和電離層，測量地球高空磁場，測量太陽輻射、太陽風，研究日地關係，探測行星空間，測量和研究宇宙線和微流星體，測定地球形狀和地球磁場。

這些衛星傳回的環境資訊，也使人們更了解太陽質子事件對地球環境的影響，加深了對太陽與地球間關係的認識。探險者號衛星系列多為小型衛星，但其外形結構差別很大。由於探測的空間區域不同，它們的運行軌道有高有低、有遠有近，彼此也有巨大差別。

電子號衛星

電子號衛星是蘇聯的科學衛星系列，1964 年 1 ～ 7 月共發射了 4 顆衛星，重 400 ～ 544 公斤。衛星上裝有高、低各種靈敏度的磁力儀、低能粒子分析器、質子檢測器，太陽 X 光計數器以及研究宇宙輻射成分的儀器等。它們的主要任務是研究進入地球內、外輻射帶的粒子與其相關的各種空間物理現象。

小知識 —— 天文衛星

天文衛星是一種科學衛星，不同於探測衛星之處，在於它不僅僅探測空間環境，而且在地球軌道上建起一座座太空天文臺，專門對宇宙天體和其他空間物質進行科學觀測。

天文衛星在離地面幾百公里或更高的軌道上運行，由於沒有大氣層的阻擋，星上的儀器可以接收到來自天體從無線電波段到紅外線波段、可見光波段、紫外線段，直到 X 光波段和伽瑪射線波段的電磁波輻射。

天文衛星的軌道多數為圓形或近圓形，高度為幾百公里，但通常不低於 400 公里。這是因為軌道太低時，大氣密度增加，衛星難以長時期運行，然而太陽系以外的天體離開地球極遠，再增加軌道高度也無法縮短距離或改善觀測能力。

天文衛星上安裝了複雜的科學觀測儀器，如紅外線、紫外線、X 光和可見光望遠鏡等。除了這些儀器本身必須有高製作精度外，天文衛星在結構上也必須有很高的安裝精度和結構穩定性，否則儀器壞了，人到太空中修理，代價太大了，而且衛星「立足」不穩，也會直接影響儀器的觀測效果。

地球資源衛星

為了研究和更加有效利用地球資源，科學家們研發出了地球資源衛星。

西元 1972 年 7 月 23 日，美國發射了一顆地球資源技術衛星，後改名為陸地衛星 1 號，由雨雲氣象衛星改進而來。它能重複觀測海洋與陸地各種資源，每隔 18 天送回一系列全球影像資料。後來，美國又相繼發射了陸地衛星 2 號、3 號。該種衛星廣泛應用於地質、海洋、漁業、環保等部門中。

地球資源衛星能迅速、全面、經濟實惠的提供地球資源的情況，因而受到了世界各國的重視。

氣象衛星

氣象衛星是利用遙測器來對地球大氣進行探測的衛星。

氣象衛星實質上是一個高懸在太空的自動化高級氣象站，是空間、遙測、電腦、通訊和控制等高技術相結合的產物。

由於軌道的不同，氣象衛星可分為兩大類，即繞極軌道氣象衛星和地球同步氣象衛星。前者由於衛星是逆地球自轉，方向與太陽同步，又稱為太陽同步氣象衛星；後者與地球保持同步運行，相對地球是不動的，稱作靜止軌道氣象衛星，又稱地球同步氣象衛星。

繞極軌道氣象衛星飛行高度約為 600 ～ 1,500 公里，衛星的軌道平面和太陽始終保持相對固定的交角，這樣衛星每天在固定時間內經過同一地區兩次，因而每隔 12 小時就可獲得一份全球的氣象資料；同步氣象衛星運行高度約 3.58 萬公里，其軌道平面與地球的赤道平面相重合。從地球上看，衛星靜止在赤道某個經度的上空。

在氣象預測過程中非常重要的衛星雲圖拍攝也有兩種形式：一種是借助於地球上物體對太陽光的反射程度而拍攝的可見光雲圖，只能在白天工作；另一種是借助地球表面物體溫度和大氣層溫度輻射的程度，形成紅外線雲圖，可以全天候工作。

一顆同步衛星的觀測範圍為 100 個經度跨距，以及 50° S ～ 50° N 的 100 個緯度跨距，因而 5 顆這樣的衛星就可形成覆蓋全球中、低緯度地區的觀測網。

氣象衛星不受地理條件限制，可以監視颱風、暴雨等災害性天氣變化。自從西元 1966 年氣象衛星開始觀測以來，發生在熱帶海洋上的任何一個風暴都不曾被漏掉過。

小知識 —— 世界上第一顆實驗性氣象衛星

西元 1960 年 4 月 1 日，美國發射了世界上第一顆實驗性氣象衛星泰羅斯 1 號（TIROS-1）。這顆實驗氣象衛星呈 18 面柱體，高 48 公分，直徑 107 公分。衛星上裝有電視攝影機、遙控磁帶記錄器及照片資料傳輸裝置。它在 700 公里高的近圓軌道上繞地球運轉 1,135 圈，共拍攝雲圖和地勢照片 22,952 張，有用率達 60%，具有當時最優秀的技術性能。

從 1960 年至 1965 年間，美國共發射了 10 顆泰羅斯氣象衛星，其中只有最後 2 顆是太陽同步軌道衛星。

1966 年 2 月 3 日，美國又研發並發射了第一顆實用氣象衛星艾薩 1 號。它是美國第二代太陽同步軌道氣象衛星，軌道高度約 1,400 公里，雲圖的星下點解析度為 4,000 公尺。從 1966 年至 1969 年間，美國共發射了 9 顆，獲得了大量的氣象資料。它的發射成功開闢了世界氣象衛星研究的新領域，大大減少氣象變化對人類造成的各種損失。

太空船

太空船是一種運送太空人、貨物到達太空並安全返回的一次性太空載具。它能讓太空人在太空短期生活，並做一些工作。它的執行時間通常是幾天到半個月，約可乘坐 2 ～ 3 名太空人。

至今，人類已先後研究製出三種構造的太空船，即單艙型、雙艙型和三艙型。

單艙式最為簡單，只有太空人的座艙。美國第一個太空人葛倫（John Herschel Glenn Jr.）就是乘單艙型的水星號太空船上太空的。

雙艙型飛船是由座艙和提供動力、電源、氧氣和水的服務艙組成，它改善了太空人的工作和生活環境，世界第一個男女太空人乘坐的蘇聯東方號、世界第一個出艙太空人乘坐的蘇聯上升號以及美國的雙子星號均屬於雙艙型。

最複雜的就是三艙型飛船，它在雙艙型飛船基礎上，或增加一個軌道艙（衛星或飛船），用於增加活動空間、進行科學實驗等，或增加一個登月艙（登月式飛船），用於在月面著陸或離開月面。蘇聯的聯盟系列和美國阿波羅號就是典型的三艙型。聯盟系列飛船至今還在使用。

雖然太空船是最簡單的載人太空載具，但它還是比無人航天器（例如衛星等）複雜得多，以至於到目前仍只有美、俄、中三國能獨立進行載人航太活動。

太空站

太空站，是目前在太空中運行的質量最大、容積最大、技術最複雜的人造天體。又名載人空間站、航太站或軌道站。可供多名太空人巡訪、長期工作和居住，是具備生產實驗能力的載人太空載具。其本質是人造衛星，或可將其稱為「太空旅館」。「太空旅館」可移動，並可與太空船或太空梭進行對接，攜手飛行。

太空中的失重環境對有些東西有意想不到的收穫。如由於重力作用，地球上曾生產的一種聚苯乙烯微珠的藥物，總是扁扁的，藥效不大。1985 年，美國在太空失重的環境下生產了 10 億顆這種塑膠圓珠，規格標準，成為醫學工業上的奇蹟。

在空間維修上，太空站也有得天獨厚的條件。西元 1984 年 4 月，挑戰者太空梭在第十一次飛行時修復了一顆失效衛星，該太空梭還在軌道上完成回收兩顆衛星的任務。這些在當時都被視為航太技術上的新突破。

空間站可以進行關於天文學、太陽物理、大氣發光、地球觀測等有關方面的實驗，因此軍事意義與價值同樣不可低估。它不僅可被裝備成空間監視哨站，還可被作為發射反衛星武器和雷射武器的基地。

空間站的使用壽命長，可擴展和延伸；它同時還具有修復能力，能定期檢修，按時更換設備，具有很強的活力。

太空梭

太空梭的本質是一種火箭飛機，依靠火箭引擎提供動力。

太空梭既可在稠密的大氣層中穿行，又能在行星際空間自由翱翔。它是集衛星、飛機、太空船於一體的雜交種。

太空梭是世界上唯一可部分重複使用的航太飛行器，它可以做到定點著陸和無損返回，使用太空梭釋放人造天體，事故發生率低。太空梭一旦發射，可有去有回，保險係數很高。

由於貨艙大，太空梭一次可搭載一顆大型人造天體和一批小型人造天體。也可以在軌道上利用機械手臂放置任何類型的人造天體。

太空梭可搭載空間站進行研究活動，還可進行空間維修、衛星回收活動，可向地球軌道和高軌道發射同步衛星和太空探測器。

由於起飛容易，回歸迅速，太空梭可參與各種應急救生活動。太空梭定期返航後，可像飛機那樣進行定時的檢查維修與保養，大大提高使用次數。

作為空間武器，太空梭可應對他國空間軌道上的軍事人造天體，如發現、攔截間諜衛星，對本國的軍事人造天體則密切監視、加強保護。太空梭如配上能量武器，還可摧毀太空中敵方的人造天體。

小知識 —— 挑戰者號太空梭爆炸

西元 1986 年 1 月 28 日，美國挑戰者號太空梭在第 10 次發射升空後，因助推火箭發生事故，凌空爆炸，艙內 7 名太空人（包括 1 名女教師）全部遇難，直接經濟損失高達 12 億美元，太空梭停飛近 3 年，成為人類航太史上最嚴重的一次載人航太事故，使全世界對征服太空的難度有了明確認知。

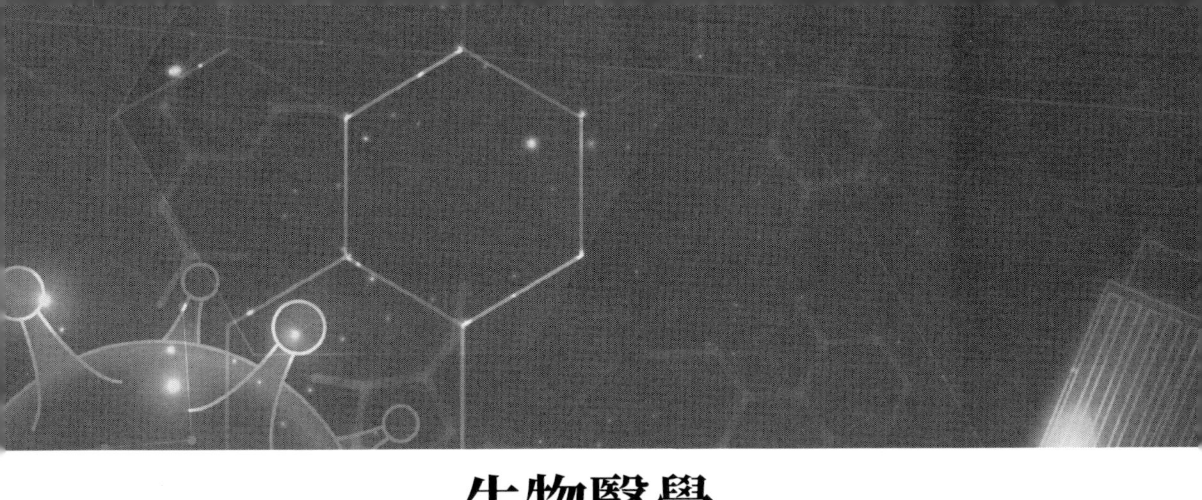

生物醫學

仿生學

蒼蠅翅膀退化成的平衡棍是天然導航儀，模仿它，人們製成了「振動陀螺儀」，應用在火箭和高速飛機上，就能自動駕駛。

蒼蠅的眼睛是複眼，由 3,000 多隻小眼組成，模仿它，人們製成了蠅眼透鏡。蠅眼透鏡由幾百，甚至幾千塊小透鏡排列組成，把它當作鏡頭可製成「蠅眼照相機」，一次能照出上千張相同相片，該種照相機被用於印刷製版和大量複製電腦的微小電路，提高了效率和品質。

自然界的生物具有各種奇特本領，帶給人類啟發。模仿生物建造技術裝置的科學，即為仿生學，它是在 19 世紀中期出現的一門科學。仿生學研究生物體結構、功能和工作原理，並將這些原理移植到工程技術中，發明性能優越的儀器、裝置和機器，對技術加以創新。

人類仿生

人類的智慧不僅用在觀察和認識生物界上，還用人類獨有的思考和設計能力模仿生物，增強本領。

比如，看到魚類在水中自由來去，於是人們就模仿魚類形體來造船，並用木槳模仿鰭。古人觀察到魚在水中靠尾巴的搖擺游動、轉彎，就在船尾架置木槳。透過重複觀察、模仿和實踐，逐漸將其改成櫓、舵，增加船的動力，掌握使船轉彎的方法。這樣，就算在江河中，也能讓船隻航行自如。

看到鳥類展翅在空中自由飛翔，人們希望自己也能仿製鳥的雙翅飛翔。早在 400 多年前，義大利人達文西和他的助手就藉由解剖鳥類，研究鳥的身體結構，觀察鳥類飛行，最後設計並製造了世界上第一架撲翼機。

模仿生物構造和功能，做出發明與嘗試，是人類仿生的先驅，也是仿生學的起源。

控制論的產生

控制論源於希臘語，意為「掌舵人」。控制論是關於在動物和機器中控制和通訊的科學。

控制論認為，動物（尤其是人）和機器（包括各種通訊、控制、計算的自動化裝置）之間存在一定的共同性，即：在它們具備的控制系統內具有某些共同規律。各種控制系統的控制過程都包含資訊的傳遞、變換與加工。控制系統工作的運作，取決於資訊運行過程的運作。控制理論成為連結生物學與工程技術的理論基礎，成為溝通生物系統與技術系統的橋樑。

把生物體看成是一種具有特殊能力的機器，和其他機器不同，生物體具有適應外界環境和自我繁殖的能力。也可把生物體比作一個自動化工廠，其各項功能遵循力學定律；它的各種結構協調進行工作；它們能對一定的訊號和刺激作出定量反應，用自我控制的方式進行自我調節。如人們身體內恆定的體溫、正常的血壓、正常的血糖濃度等，都是肌體內複雜的自主控制系統進行調節的結果。

生物電

生物電是指生物機體在進行生理活動時所顯示出的電流變化，這種現象普遍存在。細胞膜內外具有電位差，當某些細胞（如神經細胞、肌肉細胞）受刺激時，可產生動作電位，並沿細胞膜傳播出去。而另一些細胞（如腺細胞、巨噬細胞、纖毛細胞）的電位變化對於細胞進行各種功能具有重要的作用。

隨著科學技術的進展，生物電的研究也有了很大的進步。

人造假手

生物體內不同的生命活動，會產生不同形式的生物電，如人體心臟跳動、肌肉收縮、大腦思考等，於是人們借助生物電可以診斷各種疾病。

生物電的應用很廣泛，生物電手就是其中一例。人類雙手所有動作都是大腦發出電訊號的指令，經過神經纖維傳遞給手中相應部位肌肉而引起的一系列反應。如果將大腦指令傳到肌肉中的生物電引出來，並把這個微弱訊號放大，那麼電訊號就可直接操縱由機械等裝置組成的假手。

人造假手不僅為四肢殘廢的人製造出運用自如的四肢，生物電經過放大後，可用導線或無線電波傳送到遙遠的地方，甚至可以傳送到月亮上去，達成遙控的效果。

生物電的研究，對於農業生產也具有很大的意義。向日葵花朵能隨太陽的東升西落而運動；含羞草的葉子一被碰就會低垂。這些植物界中的自然現象，都是由於生物電的作用。

生物發電與通訊

動物的眼睛可以發電。當人們把一根細金屬絲通到動物的眼睛神經細胞中，在光的作用下，將這些細胞所發出的電流放大 100 萬倍，再在示波器的螢幕上進行記錄，發現這種弱電流能隨著光照強度、時間等因素的變化而變化。

許多生活在海洋中的魚類，也具有發電的本領。依靠電能器官，魚可以在水底黑暗世界裡導航、聯絡、求偶、覓食、攻擊以及辨別其他魚的性別、種類或年齡等。

魚還能在水中溝通。如一條半公斤重的鯖魚，就可以用十分微小的功率與 100 公尺外的同伴建立連結，甚至能將相關訊號從水中發射到空中。

近代，人類利用研究魚類以電在水下通訊獲得的成果，研發出一種水下電波發射機。這種發射機據說輸出 100 毫瓦的功率時，就能與 250 公尺遠的目標建立聯繫。

生物活動不僅會產生生物電，還會向空中發射無線電波，如肌肉的活動就能產生無線電波輻射。人體除了頭顱無法產生無線電波輻射外，其他任何部位的肌肉都能產生，某些小肌肉發射的電訊號更明顯，如人手中的小指肌肉，發射的無線電訊號最強烈。

小知識 —— 生物感測器

生物感測器是一種對生物物質敏感並將其濃度轉換為電訊號進行檢測的儀器，是由固定的生物敏感材料作識別零件（包括酶、抗體、抗原、微生物、細胞、組織、核酸等生物活性物質）與適當的理化換能器（如氧電極、光敏管、場效應管、壓電晶體等等）及訊號放大裝置構成的分析工具或系統。生物感測器具有接受器與轉換器的功能。

生物磁學現象

有實驗表明，人在 2,000 奧斯特（oersted）的磁場中停留 15 分鐘，如果突然靠近加速器磁場，就會立刻失去方向，片刻後才會有所適應。當人們突然離開加速器，又會產生剛進入磁場時的相同反應。

強力磁場對某些生物的作用更明顯，將果蠅蛹放入 2.2 萬奧斯特 12 毫米和 9,000 奧斯特 1 毫米的非均勻磁場中，幾分鐘後果蠅就會死去。約經過 10 分鐘磁處理的果蠅，有 50%無法變為成蟲，即使成為成蟲，也活不到一小時，並有 5%～ 10%的成蟲呈現翅和體形的畸形。

植物的有機體具有一定的磁場和極性，有機體的磁場不對稱。通常來說，負極要比正極強，因此植物的種子在黑暗中發芽時，無論種子胚芽朝哪個方向，新芽根部總是朝向南方。

弱磁場不但能促進細胞的分裂，還能促進細胞的生長。受恆定弱磁場刺激的植物，要比未受弱磁場刺激的扎根得深；而強磁場卻與此相反，它阻礙植物深扎根。

當種子處在磁場中不同的位置，如果磁場加強其負極，種子的發芽就較迅速、粗壯；相反，如果磁場加強其正極，則種子的發育既遲緩，還容易患病死亡。

磁場對動物的生命活動也存在一定影響。動物在強均勻磁場中，生長緩慢且短命；在不均勻磁場內，其死亡率會增加；受到永久磁鐵磁場作用的動物，對通常情況可致死的輻射劑量，具有較強抵抗能力。

很多動物常按磁場方向休息，如果刻意將動物按照東西向橫放，然後拿到強磁場中，動物仍會按照新的磁場方向挪動身體位置。

生物光學現象

生物的生命活動和光具有密切的關係，光對加速或降低生物的新陳代謝和習性都會產生巨大的影響。

光和鳥類

大多數鳥類會在春季築巢、下蛋、育雛等，因為春季是一年中日照逐漸成長的時候。許多鳥類從秋季開始停育、換羽、育肥、流浪或遷徙，因為秋季是一年中日照逐漸縮短的時期。

因此，人們常採用補充光照法提高家禽的蛋量。當家禽腦垂體分泌卵泡刺激激素時，就能促進家禽的卵巢生蛋。要使腦垂體分泌卵泡刺激激素，要有較長光照時間，所以家禽在春季的產蛋量通常比冬季多。

不同波長的光線也會對生物的生命活動產生影響。受紅光照射的家禽，其產蛋量增加很少，甚至不會增加。

光和魚類

光對於魚類的生活習性同樣會產生顯著的影響。隨著光線顏色的不同，被照射的魚類（尤其是鰻魚、鯖魚等）也會有不同的反應。

光的波長越短，魚的活動越活潑；反之，光的波長越長，魚的行動就越遲緩。在藍光和綠光的照射下，魚可做大範圍的活動；在黃光照射下，魚群會集結在照射燈附近，行動變緩；在紅光照射下，魚群密集，行動則極為遲鈍。

當人們發現光對魚的生活習性能產生影響後，世界各國在充分利用底層魚類資源的同時，也大力發展燈火漁業，即利用燈光誘集魚群，然後用圍網將其捕捉。

光和昆蟲

生活在蒼鬱林中的植物的莖（或根）中、地下或倉庫中的昆蟲，由於其習慣了弱光，如果增強其生活環境的亮度，牠們的活動就會被抑制。許多有翅昆蟲具有強趨光性，在夜間飛行時利用光線辨別方向。利用此特性，人們常以橙、黃、綠、藍、紫和紫外光（昆蟲看不見紅光，因此不採用紅光）來誘捕眾多有害昆蟲，觀察蟲害發生的時期和數量。

在不同波長、強度和週期的光照射下，對昆蟲的生長也會產生不同影響。家蠶幼蟲在白光照射下生長最快，作息較一致，紅色光次之；用綠光照射時，家蠶結的繭很大；用短波光照射能促進蠶的生長，長光照射能延遲蠶的生長。光的顏色還能在一定程度上改變昆蟲生活習性。如用黃光照射螞蟻，牠們受到刺激後會立刻搬移蟻卵；用綠光照射竹節蟲，受到刺激後的牠們會立刻變色。

光和植物

植物和光的關係，可追溯到遠古年代。自從白堊紀中葉起，地球上開始有直射的陽光後，被子植物出現，迅速在地球大陸上排擠裸子植物，大量繁殖。

對植物來說，光是一種非常有效的刺激劑。不僅對植物莖的大小、形狀、生長方向、生長程度及莖上芽和分枝的產生具有很大影響，還能以直接的光壓和輻射能為植物的生長創造最適合的條件，促使植物最基本的生命活動過程 —— 光合作用與蒸散作用（水分的吸收與蒸發）順利進行。

植物生命和光的關係還表現在許多其他方面。在一定程度上，光照週期、光照顏色對開花時節等都具有決定性作用。

生物熱現象

任何一個化學反應過程中，參加反應的原子最外層電子的運動狀態都會發生改變，從而產生溫度變化。在該過程中，溫度的變化也許是負值（吸收熱量），也許是正值（放出熱量）。溫度變化是分子熱運動的表現形式。分子運動越快，物質溫度越高。生物界的熱 —— 動物的體溫，主要由生物能（生命物質的化學能）所提供。

生物對熱資訊的感覺器

炎炎酷暑，水牛喜歡進池塘浸泡，雞張大嘴不停喘息，山羊躲藏在樹蔭下……均由於牠們沒有汗腺調節體溫才如此。人們除了尋找和製造涼爽的環境，還可透過汗腺進行體溫調節。

有些動物的體溫會隨著環境溫度的變化而變化，這類動物被稱為冷血動物；有些動物的體溫很少受環境影響，體溫保持相對恆定，被稱為恆溫動物。體溫是決定生物體內化學反應速率的主要因素，體溫升高一度，基礎代謝率會增加 7%。

大多數高等動物的體溫恆定，其調節體溫不是控制熱的產生，而是調節散熱機能。恆溫動物的散熱主要以紅外線輻射進行，又因為紅外線輻射含有大量資訊，於是一些動物（尤其是夜行動物）進化出能接收紅外線資訊的器官，如蛇利用熱感測在夜間捕食小鳥。

動物的體外感受器

蟒蛇科蛇的唇口和響尾蛇亞科蛇的頰窩上具有紅外線感應器官，效率超過其視覺，方向性和控制性比人造紅外線探測器精確很多。所以蛇就算瞎了眼，也能根據紅外線輻射追捕獵物。蛇還能在來自太陽、熱石頭等充滿干擾的環境中辨識活物，並對死老鼠不予理會。可見，生物的紅外線設備抗干擾和辨識能力很高。

烏賊一樣能感受紅外線輻射，牠的感應器分布在烏賊尾部的整個下表面，接收到紅外線資訊後引發視覺神經的脈衝，脈衝訊號被送入神經中樞進行加工處理。

螞蟻、蚊子對紅外線輻射也很敏感。

研究生物界的紅外線探測器，探索生物界利用紅外線感應器接收、加工處理紅外線資訊的祕密，有助於研發新型紅外線設備，增強人類認識、改造自然的能力。

電光鷹眼

鷹眼有兩個中央凹，一正一側，其中正中央凹能接收鷹頭前面的物體像。中央四周的光感受器叫視錐細胞，密度高達每平方毫米 100 萬個，比人眼密度高 677 倍。感光細胞越多，分辨物體的能力越高。

此外，它還有稱為梳狀突起的特殊結構、能降低視覺細胞接收的強光。在強光下，鷹眼不必縮小瞳孔，也不會感到眼花，並仍有極高的視覺靈敏度。

由於具備這樣的特質，鷹眼能在空中迅疾準確的發現、辨認地面目標，並判斷出目標的運動方向和速度。

人們根據鷹眼結構製造出一種叫做鷹眼的航空設備，這種電子光學裝置搭配裝上望遠鏡的攝影機和螢幕，飛行員在高空中只要盯住螢幕，就可在飛機上看到寬闊視野中的一切物體。

什麼是酶

生物體內有一種蛋白質叫做酶，生物體內發生的一切化學反應都是在酶的催化作用之下實現的。酶是一種催化劑。古人早在 4,000 多年前，就已懂得利用黴菌的澱粉酶來釀酒。

催化劑

一塊糖用火點，燒不起來，但如果在糖塊一角撒一些菸灰，並點火，糖便可以燃燒。燒完後，菸灰還是菸灰，並未產生變化。這種情況，菸灰就是燃燒的催化劑。

催化劑能促進化學變化，但在化學變化前後，催化劑本身的量和化學性質並不改變。酶在生物體內就是促進化學變化的，因此人們將它稱為生物催化劑。

生物酶

最早的酶從黴菌來，各種生物、各個器官、各個細胞裡都含有酶；生物體內的每種生化反應都需要酶。酶的品種很多，約 2,000 種左右。它們分工嚴格，專一性強，一種酶只能催化一種反應。

人和動物體內有各種各樣的酶。由於酶的存在，能使一條蟒蛇囫圇吞下一隻完整小動物，並將其消化掉。原來，是蛇體內的酶將這隻小動物的身體分解成幾種化學成分，再將它們重組，變成了蛇的肌肉。

各種農作物在生長過程中，需要施以大量氮肥，空氣中含有大量氮，但大部分農作物都無法從空氣中直接吸收，而需倚賴人工施肥。只有大豆、花生等豆科植物例外。它們的根部有大批的根瘤菌，根瘤菌裡的固氮酶可以利用空氣中的氮合成氨，供植物吸收。

人造固氮酶在室溫（通常指 15 ～ 25°C）、常壓下，幾秒鐘內就可使空氣中的氮和水中的氫直接結合成「聯氨」。聯氨經過加溫，釋放出氨，就能夠供植物吸收。

生物發光

在海面上，有時會出現銀色的光帶，有時又會湧出火球團，這些都是海洋生物在發光。

海洋是發光生物雲集之處。海綿、珊瑚、海洋蠕蟲、水母、甲殼類、貝類、烏賊以及單細胞海洋生物 —— 海藻等，都能發光。

生物發光是化學發光的其中一種。不同生物，發光形式也不同，通常分為細胞內發光、細胞外發光和共棲細菌發光。

細胞內發光，發生在生物體內專門的發光器官裡，螢火蟲發光即屬於此種；細胞外發光指生物把螢光素和螢光酶排出體外，從而引起發光現象，如海洋裡的海螢就是這樣發光的；共棲細菌發光，鮟鱇魚的發光即屬於此。鮟鱇魚那盞小燈籠裡窩藏著一些發光細菌，靠鮟鱇魚供給養料，鮟鱇魚則以它們為誘餌。兩者互相依存，形成一種特殊的共棲關係。

小知識 — 會發光的鮟鱇魚

鮟鱇魚又叫燈籠魚，生活在海洋幾十公尺至幾公里處，幾乎完全失去游泳能力。魚背鰭的第一棘特化為長絲狀「釣竿」，頂端有一個像小燈籠的發光器，游過鮟鱇魚的其他魚類常把這盞小燈誤認成食物，上前咬一口。而鮟鱇魚把嘴一張，周圍的水隨即變成一股下陷流，鮟鱇魚把「釣竿」甩往口中，即可安享美餐了。

放屁蟲與化學武器

自從化學武器問世以來，一度帶給某些國家帶來災難，無數人在化學戰中喪生。因此，化學武器也遭到了全世界愛好和平的人們的強烈反對，國際公約也明確禁止在戰爭中使用化學武器。

放屁蟲

放屁蟲是一種甲蟲，因從肛門放出毒氣而得名，常隱藏在水邊的石塊下，夜間出來活動。

放屁蟲的腹部有一個化學反應室，反應室兩側有兩個腺體，分別儲存對苯二酚和過氧化氫，兩個腺體有閥門與反應室相通。平時，兩種物質相互隔離，遇到敵人時，放屁蟲會猛烈收縮腹部，把儲存在腺體內的兩種物質排入反應室。在酶的作用下，將苯二酚與過氧化氫快速氧化為有毒醌，同時放出大量熱能使醌的水溶液沸騰，從肛門噴出灼熱煙霧，並有巨響和濃硝酸氣味，使天敵感到辛辣刺鼻，頭痛眼花，甚至使 1 公尺長的犰狳聞而逃竄。

放屁蟲的「化學炮彈」效率很高，可連續 4 ～ 5 次重複開炮，最多可達 20 次以上。

在自然界，使用「化學武器」防禦敵人的小動物還不少。牠們與放屁蟲類似，都會釋放出醋酸、蟻酸、氫氰酸、檸檬酸等，對敵人進行攻擊或防禦。

化學武器

從這些小生物的化學戰中受到啟示，人們製造了現代火箭和化學武器。火箭裡的液態氫和液態氧是分別存放的，它們有管道通向反應室，火箭點燃後，將液氧、液氫壓於反應室，氫和氧發生劇烈化學反應，生成水和大量的熱。在高溫下，水變成水蒸汽從尾噴管猛烈噴出，產生強大的反作用力，推動火箭前進。化學武器是將反應室裡反應所產生的有毒物質由炸彈爆炸的衝擊波散發出去。

光合作用

在植物生長過程中，除了水之外，空氣和陽光也具有巨大的作用。植物製造出 1 克糖，不僅需吸收相當於 2,500 公升大氣含有的二氧化碳，還需要相當於 4,000 卡的太陽能。

植物具有一種獨特的本領 —— 光合作用。光合作用是植物利用二氧化碳和水，在陽光照射下，透過葉綠素吸收太陽輻射能，將無機物變成碳水化合物的過程。

葉綠素

從植物葉子中提取葉綠素，並加入含有放射性同位素的二氧化碳，再放在陽光下照射，葉綠素就能生成放射性碳水化合物，並釋放氧氣。

植物葉子中組成葉肉的細胞存有大量的葉綠體。葉綠體由葉綠囊和基質組成，其外部是一層半透性薄膜。葉綠囊是葉綠體中許多圓碟形微小顆粒，它埋在基質之中，介質主要由蛋白質組成。在含有大量色素的葉綠囊中，排列著一層層、一束束有次序的葉綠素分子。當光照到這些葉綠素分子，它們會利用日光能量，將水和二氧化碳製成葡萄糖，葡萄糖就合成食用澱粉，經過轉化後，也可合成脂肪和蛋白質。以此為基礎，還可進一步合成維生素及橡膠等。

植物的葉綠素通常呈綠色。光敏素接收外界光照，調節植物的生長、發育，大大影響了植物的生活。用不同波長的光進行實驗，結果發現光譜中的紅光對植物的發芽、生長、開花、結果能產生良好促進作用，而綠色葉綠素又是吸收紅光能手。基於此，儘管高等植物種類繁多，但都存在一個共同特點，即葉子都呈綠色。

光

在植物光合作用的過程中，光很重要。光被葉綠體吸收後，能迅速將能量傳給水分子，使水在光的照射下分解，在分解過程中不僅釋放出氧，同時還形成質子和電子。由葉綠素產生的電子，它們能像爬山一樣，爬到一個高能量的水準，再透過很多傳遞體回到初始水準，在電子流動過程中，進行光合作用所需的兩種最基本的東西也形成了，電能變成化學能。

光合作用是地球上影響最大、與人類關係最密切的一種反應過程，它不僅為地球上植物的生長前提，也是人類和許多動物生存所需物質——氧氣——的唯一來源。

生物膜

生物膜指包圍整個細胞的外膜。生物膜的主要成分是蛋白質和脂類物質，還有少量的糖、核酸及水。其中，脂類物質固定膜的形態，蛋白質賦予膜特殊的功能。在不同的細胞膜中，蛋白質與脂類的比例不同，功能複雜的膜蛋白質含量較高。

細胞對某些物質具有濃縮功能，使物質在細胞內的含量遠超過細胞外的數量，這種物質要與濃度差逆向，輸送到膜內。這類運輸過程稱為「主動運輸」，過程中還要消耗代謝能量。如果在主動輸送過程中停止能量供應，主動輸送就會變成「被動運輸」，使膜內高濃度物質沿著濃度差的方向將物質輸送至細胞外，直至被輸送物質在細胞內外的濃度相等。

膜的選擇性輸送功能，主要依據膜上的載體蛋白，載體使膜提高滲透率，且有高度選擇性。具選擇性的通過是生物膜的特性，使細胞能接受或拒絕、保留（濃縮）或排出物質。

模擬生物膜

人們在模擬生物膜的「被動運輸」和「主動運輸」功能方面已取得進展，利用液膜技術達成氣體及溶液中離子的選擇性分離。

液膜分離技術從西元 1870 年代初開始發展，它以模擬生物膜的「被動運輸」為基礎。在液膜中加入適當的載體分子後，極大提高了液膜的滲透率和選擇性，展現出未來應用的眾多可能性。

人工生物膜

細胞是構成一切生物體的基本單位，通常由細胞核、細胞質和細胞膜組成。

有生命的細胞需從外界吸收所需物質，細胞膜正像細胞的「採集員」和「運輸員」。它嚴格挑選細胞周圍物質，不是細胞需要的東西，它就拒絕接受，不許通過；凡細胞需要的東西，它就極力蒐集，並將之運送到細胞內部。

比如，海帶的細胞膜能從海水中攝取碘，乾海帶通常含 0.3%～0.5% 的碘，有的更高達 1%，比海水裡含碘的濃度高出幾萬到十幾萬倍；石毛藻的細胞膜能攝取鈾；海參的細胞膜能攝取釩。根據生物細胞膜的這種作用，可以將其用於海水淡化、汙水處理、氣體分離、海洋資源的開發利用、微量元素的攝取等方面。

目前，模擬生物膜已經取得不少成就。如載人太空載具飛天後，由於太空人的呼吸作用，使座艙裡的二氧化碳越積越多。而人工生物膜可把氧從二氧化碳中分離，從而消除座艙中的二氧化碳。

生物醫學工程

生物醫學工程是綜合生物學、醫學和工程學的理論和方法而發展起來的科學，其基本任務是運用工程技術，研究和解決生物學、醫學問題。作為一門獨立學科，生物醫學工程學的歷史不足 50 年，但由於它在保障人類健康和疾病的預防、診斷、治療、康復服務等方面具有巨大作用，已經成為當前醫療保健產業的重要基礎和支柱。

生物電學

研究生物體的電學特徵 —— 生物電活動規律的科學。生物電學研究是深入認識人體生理活動規律和病理、藥理機制的基礎之一，同時也為醫學的臨床診斷和治療不斷研究出新方法、新技術。

人類對人體和生物電活動的研究已有很長歷史。當前，在各種學門合作配合下，對生物電產生機制和活動規律的研究已相當深入，在臨床醫學應用上正發展出更多新技術、新產品。

生物磁場來源

由天然生物電流產生的磁場。在人體當中，小至細胞、大至器官和系統，總是伴隨著生物電流。電荷的運動會產生磁場，也就是說，凡有生物電活動的地方，就會產生生物磁場，如心磁場、腦磁場、肌磁場等。組成生物體組織的材料具有一定的磁性，它們在地磁場及其他外磁場的作用下產生感應場，肝、脾等呈現出來的磁場就屬於此類。

在含有鐵磁性物質粉塵下作業的工人，呼吸道和肺部、食道和腸胃系統常會被污染，這些侵入體內的粉塵在外界磁場作用下被磁化，從而產生剩餘磁場。肺磁場、腹部磁場均屬於此類。

生物磁場通常都很微弱，其中肺磁場最強，心磁場稍弱，自發腦磁場更弱，最弱的是誘發腦磁場和視網膜磁場。

心磁場

心臟的心房和心室肌肉的週期性收縮和舒張，伴隨有複雜的生物交流電流就會產生心磁場。心磁場隨時間的變化曲線稱為心磁圖（MCG）。心磁圖與心電圖在時間變數與波峰值上具有相似之處。測量心磁圖時需將磁探針放在心臟位置的胸前，隨位置的變化記錄所得 MCG 各指標的差異。

腦磁場

腦細胞群體自發或誘發的活動，產生複雜的生物電流，由此產生的磁場稱腦磁場。

西元 1968 年，科恩（David Cohen）首先測得阿爾法節律腦磁場隨時間的變化曲線，稱為腦磁圖（MEG）。

肺磁場

心磁場和腦磁場屬內源性磁場，肺磁場則屬於外部含有鐵磁性物質的粉塵侵入人體肺部在磁化後產生的剩餘場。

測量肺磁場時，應先清除人身上的鐵磁性物質，如手錶、鈕扣等。再將受試者胸部置於數 10 毫特斯拉磁場中磁化，再立即到磁力計探針處進行測試。

1973 年，科恩探測出肺磁場，其在醫學上有重要應用。肺磁法屬於含量學，只要肺部積存一定量的粉塵，不管侵入時間長或短都能被檢測到，對那些雖積存了粉塵但尚未形成病變的早期病人也能檢查出來，進而做好早期預防，對防止某些職業性塵肺病具有重要作用。

生物醫學材料與人工器官

生物醫學材料，指能植入人體，或能與生物組織、生物流體相接觸的材料；具有天然器官組織的功能或天然器官功能的材料。

器官移植雖已經有巨大進展，但排斥作用和器官來源及法律等仍是難題。古代人類只能用天然材料（主要是藥物）來治病，包括用天然材料來修復人體創傷。西元前 3,500 年，古埃及人用棉花纖維、馬鬃等縫合傷口；墨西哥印第安人用木片修補受傷的顱骨。西元前 2,500 年，中國墓葬中發現假牙、假鼻、假耳。1755 年，人們用金屬在體內固定骨折；1809 年，用黃金修復缺損牙齒；1851 年，天然橡膠硫化法發明後，開始採用硬膠木製成人工牙托和顎骨。

人工器官和以高分子材料為主的生物醫學材料已成為一個新興工業。

人工肺

或名體外循環透膜氧合器或葉克膜，一種代替人體肺臟排出二氧化碳、攝取氧氣，從而進行氣體交換的人工器官，以往僅應用於心臟手術的體外循環，和血液幫浦合稱人工心肺機。

用於心臟手術的人工肺，大部分採用的附有熱交換裝置的拋棄式鼓泡人工肺。這種人工肺在國內外已被廣泛運用。

隨著高分子化學的飛速發展，為研發膜式人工肺提供大量可選用的膜材料和新技術。用矽膠為原料製出的膜式人工肺，具有較高的氣體轉輸功能，適合長期體內循環。

人工心臟

一種人工臟器，在解剖學、生理學上代替人體因重症喪失功能無法修復的心臟。

人工心臟分為心室輔助器和完全人工心臟。心室輔助器有左心室輔助、右心室輔助和雙心室輔助。以輔助時間的長短，人工心臟分暫時性輔助（兩週內）和永久性輔助（兩年）。完全人工心臟包括暫時性完全人工心臟，用以輔助等待心臟移植，以及永久性完全人工心臟。

人工心臟研究可回溯到 1953 年將體外的動脈幫浦應用於臨床。心肺機利用滾筒幫浦擠壓將血打出，如同自然的血液循環功能，只是發生在體外。人工心臟這個血液幫浦正是受此啟發而開始研究的。1957 年，美國研究人員將聚乙烯基鹽製成的人工心臟植於動物體內生存了 1.5 小時，以此為端，開始了世界性人工心臟的研究。

小知識 —— 生物製藥

美國是現代生物技術的發源地，又是應用現代生物技術研發新型藥物的第一個國家。多數基因工程藥物都首創於美國。自西元 1971 年第一家生物製藥公司 Cetus 公司在美國成立開始試生產生物藥物至今，已經有 1,300 多家生物技術公司（占全世界生物技術公司的 2/3），生物技術市場資本總額超過 400 億美元，年研究經費達 50 億美元以上；正式上市的生物工程藥物 40 多個，已成功製造出 30 多個重要的治療藥物，並廣泛應用於治療癌症、多發性硬化症、貧血、發育不良、糖尿病、肝炎、心力衰竭以及一些罕見的遺傳性疾病。

遺傳工程

植物在生長過程中需要大量的氮肥，但大豆、花生等豆科作物卻可以少施氮肥，甚至不施氮肥也一樣長得很好。究其原因，原來是每棵豆科作物的自身都有許多「小化肥廠」，即生長在它們根部的大批根瘤菌。根瘤菌有固氮的特性，它們能把空氣中的氮氣收集起來，製成氨，不斷供給豆科作物。

其他農作物如小麥、水稻、玉米、高粱等，都沒有這樣的「小化肥廠」。然而遺傳工程科學出現後，讓禾本科作物自己製造氮肥的幻想有了實現的可能。

遺傳和變異

遺傳工程就好比設計新的建築物，設計新的生物。各種生物跟它們的上一代基本上相同，也能生出和它們基本上相同的下一代，這種現象稱為遺傳。但是，下一代與上一代又不可能完全相同，總會發生一些極小的差異，這種現象稱為變異。

決定遺傳和變異的物質是核酸。核酸主要集中在每個細胞核裡，生物的下一代接受上一代的核酸，這些核酸對它們的生長和發育具有決定性作用。

核酸是一種極其複雜的化合物，它分為去氧核糖核酸（DNA）和核糖核酸（RNA）。

遺傳密碼

去氧核糖核酸是一種高分子的長鏈聚合物，一個分子由幾十個到幾十億個以上的核苷酸組成。

核苷酸又可分成四種類型，這四種類型的核苷酸排列順序不同，從而決定了各種生物的遺傳性。核苷酸雖然只有四種類型，但成千上萬個核苷酸編排順序的不同，也造就了不同的遺傳基因。核苷酸的編排順序類似電報密碼，人稱「遺傳密碼」。生物靠去氧核糖核酸分子長鏈上的各種「遺傳密碼」，使遺傳性狀一代一代傳遞下去。如果「遺傳密碼」出現一點錯誤或遺漏，就會影響下一代的生長發育而產生變異。

既然遺傳基因就在去氧核糖核酸分子長鏈上，那麼，人們如果辨識出這些密碼，就能透過增添或除去某些基因，有目的性的改造生物。遺傳工程用類似工程設計的方法，先設計生物，將一種生物體內的去氧核糖核酸分子分離後，經過人工「剪裁」後重新組合，再放到另一種生物的細胞裡，就能使這種生物具有某些新的結構和新的功能。

基因工程

基因工程又稱遺傳工程、基因操作、DNA 重組技術，是以分子遺傳學為理論基礎，以分子生物學和微生物學的現代方法為手段，將不同來源的基因按預先設計的藍圖，在體外建構混種基因，然後導入活細胞，以改變生物原有的遺傳特性、獲得新的品種、生產新的產品。基因工程技術，也為基因的結構和功能的研究提供了有力手段。

為了達到特定的目的，將 DNA 進行人為改造的生物就是基改生物。通常的做法是提取某生物具有特殊功能（如抗病蟲害、增加營養成分）的基因片段，再透過基因技術加入到其他生物當中。

基因工程在農業生產、動物飼養和醫藥研究等眾多領域的應用前景廣泛。西元 1983 年，人們成功培育出世界上第一種基改作物：一種含有抗生素藥類抗體的煙草。

基因工程在動物飼養領域也取得極大進展，透過基因改造技術獲得特殊基因的動物不但可以直接生產多種藥品，利用這些動物的器官還能進行人類器官的移植。

不過，自從第一種基改生物問世，人類對基因工程和基改產品就從未停止爭論。對基因工程的主要擔心有：含有抗蟲害基因的食品是否會威脅到人類健康；基改產品對環境的影響；基改產品是否會破壞生物多樣性；基改產品帶來的倫理問題等等。

重組 DNA 技術的基因工程通常包括四個步驟：一是取得符合人們要求的 DNA 片段，這種 DNA 片段被稱為「目的基因」；二是將目的基因與載體 DNA 分子連接成「重組 DNA」；三是把重組 DNA 引入宿主細胞；四是將能表現目的基因的宿主細胞挑選出來。

目前，科學家已發現數百種能選擇特定位置切斷 DNA 的酶。由於這些酶所切取的 DNA 片段長度受到限制，所以被稱作限制酶。這樣切取的 DNA 片段多為某一蛋白質遺傳密碼的單基因，如合成胰島素的基因。切下的基因經連接酶作用，可與細菌內質體的基因重組，重組基因後的細菌就能合成所需的蛋白質。由於細菌培養起來比較容易，這種方法可以很方便的獲得大量所需的蛋白質。

- **人類基因組計畫**：人類基因組計畫由美國科學家在 1985 年提出，並在 1990 年正式啟動。美國、英國、法國、德國、日本和中國等國家的科學家共同參與了這一價值達 30 億美元的人類基因組計畫。照該計畫設想，在 2005 年，要把人體內約 10 萬個基因的密碼全部解開，同時繪製出人類基因的藍圖。也就是說，要揭開組成人體 10 萬個基因的 30 億個鹼基對的祕密。
- **基因療法**：基因療法是指透過操作基因治療疾病的方法。目前，基因療法是先從患者身上取出一些細胞（如造血幹細胞、纖維幹細胞、肝細胞、癌細胞等），然後利用對人體無害的逆轉錄病毒當載體，把正常的基因嫁接到病毒上，再將這些病毒去感染事先已取出的人體細胞，讓它們把正常基因插進細胞的染色體中使人體細胞「獲得」正常基因，以取代原有的異常基因；再把這些修復好的細胞培養、繁殖到一定數量之後，送回患者體內，這些細胞就會發揮治病功能，使疾病消除。
- **改變人體基因的方法**：改變人體基因的方法有兩種，即改變「人體細胞」或改變「人胚細胞」。

人體細胞治療就是改變有遺傳缺陷的細胞，現已用於治療某些基因性疾病；人胚細胞治療則是改變在母體內發育成嬰兒前的細胞的基因，其結果是人胚細胞治療會永久改變人體每個細胞的基因。

小知識 —— 基因轉移動物

被施行基因改變手術的動物稱為「基因轉移動物」。

基因轉移動物的基因移植，最初是在小鼠體內進行的。科學家將小鼠的受精卵取出來，在顯微鏡下將基因用玻璃管送入受精卵的雄原核內。受精卵有兩個原核，一個是雄原核，一個是雌原核，雄原核較大些。小鼠卵的直徑只有 70 微米，只有在顯微鏡下才能看到原核，手術採用的是特製的顯微注射器，必須固定住玻璃微細注射管，使其注射時不至於擺動，才能把基因送入卵裡。注射後的卵要立刻輸入到假孕母鼠的輸卵管內，然後在其子宮內安家落戶。假孕母鼠指的是與結紮了輸精管的雄鼠交配後產生一系列生理變化，做好懷孕準備的雌鼠。這樣，帶有移植進來的基因的動物，就是基因轉移動物。

什麼是複製

複製（cloning）起源於希臘文，意指幼苗或嫩枝，以無性繁殖或營養繁殖的方式培育植物，如扦插和嫁接。

複製其實就是指生物體透過體細胞進行的無性繁殖，以及由無性繁殖形成的基因型完全相同的後代個體組成的種群，通常是利用生物技術由無性生殖產生與原個體有完全相同基因組織後代的過程。從原型中產生出同樣的複製品，它的外表及遺傳基因與原型完全相同。

複製原理

進行複製時，要先將含有遺傳物質的供體細胞的核移植到去除了細胞核的卵細胞中，再利用微電流刺激等使兩者融合為一體，然後促使這一新細胞分裂繁殖發育成胚胎。當胚胎發育到一定程度後，再將其植入到動物子宮中使動物懷孕，便可產下與提供細胞者基因相同的動物。在這一過程中，如果對供體細胞進行基因改造，那麼無性繁殖的動物後代基因就會發生相同的變化。

複製技術無需雌雄交配，無需精子和卵子結合，只需從動物身上提取一個單細胞，用人工方法將其培養成胚胎，再將胚胎植入雌性動物體內，即可孕育出新個體。這種以單細胞培養出來的複製動物，具有與單細胞供體完全相同的特徵，是單細胞供體的「複製品」。

英國科學家先培養出了「複製羊」。複製技術的成功，被人們稱為是「歷史性事件，科學創舉」。

複製應用

目前複製技術已在某些領域獲得成功。在農業方面，利用複製技術培育出了大量能抗旱、抗倒伏、抗病蟲害的優質高產品種，使糧食產量大為提高；在醫學方面，利用複製技術，生產出了治療糖尿病的胰島素、治療侏儒症的生長激素和能抗多種病毒感染的複製素等。此外，複製技術還被應用到保護珍稀、瀕危物種方面。

基因複製

基因複製是一項具有革命性的研究技術，可概括為：分、切、連、轉、選。

分，指分離製備合格的待操作的 DNA，包括作為運載體的 DNA 和欲複製的目的 DNA；切，指用序列特異的限制性內切酶切開載體 DNA，或切出目的基因；連，指用 DNA 連接酶將目的 DNA 與載體 DNA 連接，形成重組的 DNA 分子；轉，指透過特殊方法將重組的 DNA 分子送入宿主細胞中進行複製和擴充；選，指從宿主群體中挑選出有攜帶重組 DNA 分子的個體。

20 世紀中葉，科學家利用卵細胞核轉化的方法，進行了無性生殖實驗。20 世紀末，科學家又透過對動物體細胞的細胞核進行轉化，得到了複製鼠和複製羊。

單株抗體

所謂單株抗體，是僅由一種類型的細胞製造出來的抗體。

西元 1975 年，瑞士科學家克勒（Georges Köhler）和英國科學家米爾斯坦（César Milstein）把產生抗體的 β 淋巴細胞與多發性骨髓瘤細胞進行融合，形成了雜交瘤細胞。這種細胞兼有兩個親代細胞的特徵，既有骨髓瘤細胞無限生長的能力，又有 β 淋巴細胞產生抗體的功能。因此，這種雜交瘤細胞就能在細胞培養中產生大量單一類型的高純度抗體。這種抗體叫「單株抗體」。把單株抗體與抗癌藥物或毒素結合使用，對癌細胞命中率高，殺傷力強。單株抗體技術的發明，是免疫學中的一次革命。

試管嬰兒

試管嬰兒是用人工方法讓卵子和精子在體外受精並初步發育，然後移植到母體子宮內成長而誕生的嬰兒。

人類第一個試管嬰兒於西元 1978 年 7 月 25 日 23 時 47 分在英國的奧爾德姆市醫院誕生，她的名字叫路易絲·布朗（Louise Brown）。試管嬰兒培育成功的事實為不孕患者帶來希望，是人類胚胎學的重大突破。

在培養試管嬰兒時，醫生要先為女性注射能促使卵子生長發育的激素，然後透過手術將其體內成熟的卵子取出，放在裝有培養液的玻璃器皿內；接著再加入精子，使卵子在體外受精。

此後，醫生不斷更換培養液，使受精卵自然分裂，發育成一個具有許多細胞的胚泡。到了第六天，胚泡再被重新放回子宮。再經過幾個月正常的妊娠，健康的嬰兒便誕生了，這就是「試管嬰兒」。

試管動物

早在 1940 年代，科學家就開始在動物身上做體外受精的實驗。1959 年，美國生物學家將兔子交配後回收的精子和卵子在體外受精結合，並將受精卵移植到別的兔子的輸卵管內，借腹懷胎，並使其生出正常的兔寶寶。動物實驗的成功，為後來人的體外受精和試管嬰兒的研究奠定了良好的基礎。

受精卵的低溫保存

在低溫環境下，經過體外受精的卵子能停止正常活動，且品質不受影響。如果從低溫環境下取出，受精卵仍然能夠復活，並繼續發育。這樣，就能更加方便的進行受精卵的移植手術，且能使優良純種的後代在異地成長。

細胞工程

細胞工程是生物工程的一個重要方向，它應用現代細胞生物學、發育生物學、遺傳學和分子生物學的理論與方法，按人們所需設計細胞上的遺傳操作，重組細胞的結構和內容物，以改變生物的結構和功能，即透過細胞融合、核移植、染色體或基因移植及組織和細胞培養等方法，快速繁殖和培養出人們需要的新物種的生物工程技術。

根據細胞類型的不同，細胞工程可以分為植物細胞工程和動物細胞工程兩大類。植物細胞工程常用技術手段有植物組織培養和植物體細胞雜交；動物細胞工程常用的技術手段有動物細胞培養、動物細胞融合、單株抗體、胚胎移植、核移植等。其中，動物細胞培養技術是其他動物細胞工程技術的基礎。

植物組織培養

將植物體的部分細胞或組織與母體分離，在適當條件下加以培養，使之能夠生長、發育、分化與增殖的技術，就是植物組織培養技術。

植物組織培養技術的原理是植物細胞的全能性分化能力，也就是植物體內的某一類細胞能獨立發育並分化成為完整的植物成體。植物組織培養能以少量的母體培養出大量的植物，這使植物組織培養有更廣泛的用途，如基礎植物學與遺傳學研究、農業上的育種品種保留等。

細胞融合術

細胞融合是指兩個或兩個以上的細胞融合成一個細胞的現象。正常人體內也有細胞融合的現象，如兩性生殖細胞結合而成受精卵，多個巨噬細胞融合成一個體積很大的多核異物巨細胞。細胞融合的結果，是新的細胞擁有兩個不同的細胞核，由此發育成的生命體兼有兩種生物的遺傳特性。

細胞融合術是細胞遺傳學、細胞免疫學、病毒學、腫瘤學等研究的一種重要手段。

植物體細胞的融合

用兩個來自不同植物的體細胞融合成一個多核細胞，並將多核細胞培育成新植物體的方法。植物體細胞融合的第一步是去掉細胞壁，分離出有活力的裸露細胞；第二步是將兩個具有活力的裸露細胞放在一起，利用一定的技術手段人工誘導裸露細胞融合；第三步是將誘導融合得到的多核細胞用植物組織培養的方法進行培育，即可得到多倍體植物。

植物體細胞融合的最大優點，是能夠克服植物遠緣雜交不親和的障礙，擴大可用於融合的親本基因組合的範圍。

細胞的全能性

指植物的每個細胞都包含著該物種全部的遺傳訊息，從而具備發育成完整植株的遺傳能力。在適當條件下，任何一個細胞都可以發育成一個新個體。植物細胞全能性是植物組織培養的理論基礎。

單細胞培養

也叫游離細胞培養，是指酵母菌、細菌等單細胞生物的培養，或取多細胞生物體上的一個細胞的無菌培養。從多細胞生物中得到單細胞的辦法是，先振盪培養切離組織的初始培養物，然後在連續培養中用適當的篩孔將游離細胞分篩出來，再將收集起來的游離單細胞懸浮在液體培養基中，最後用微量吸管吸取一個細胞。

植物脫毒

通常來說，為了改變植物的性狀，長期的無性繁殖在植物細胞內累積了大量有毒物質，從而對植物的壽命、性狀、產量等造成一定影響。所以，需要經常對無性生殖植物脫毒，以加強植物性狀。

早在 1950 年代，科學家就發現，植物分生區附近（如莖尖）的病毒極少，因此切取一定大小的莖尖進行組織培養，再生的植物就可能不帶病毒，從而獲得脫毒苗。

用脫毒苗進行繁殖，種植的作物就不會或極少感染病毒。植物脫毒技術的採用，大大提高了農作物的產量。

小知識 — 蛋白質工程

蛋白質工程是指透過蛋白質化學、蛋白質晶體學和動力學的研究，獲取有關蛋白質物理和化學等各方面的資訊，在此基礎上利用生物技術手段對蛋白質的 DNA 編碼序列進行有目的的改造，並分離、純化蛋白質，從而獲取自然界沒有的、具有優良性質或適用於工業生產條件的全新蛋白質的過程。

蛋白質工程的實踐依據是 DNA 指導合成蛋白質，人們可以根據需求對負責編碼某種蛋白質的基因進行重新設計，使合成出來的蛋白質結構變得符合人們的要求。由於蛋白質工程是在基因工程的基礎上發展起來的，在技術方面有諸多與動物基因工程技術相似的地方，因此蛋白質工程也被稱為「第二代基因工程」。

材料工程

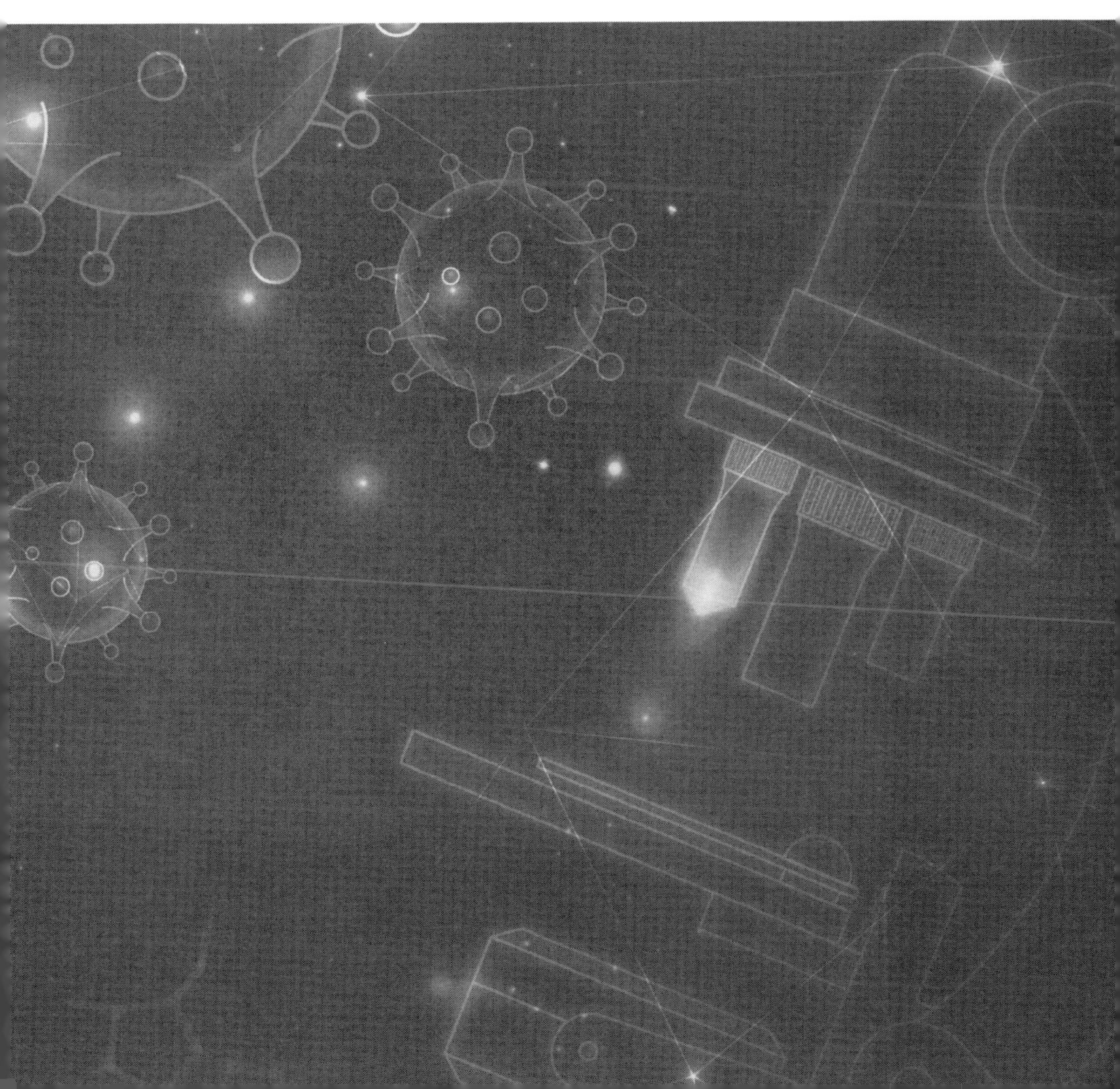

金屬材料及特性

金屬是一種具有光澤（即對可見光強烈反射）、富有延展性、容易導電、傳熱等性質的物質。

金屬的上述特質，都跟金屬晶體內含有自由電子有關。常溫下的金屬，除水銀外，都是固體。目前，人們認識的金屬大約有 80 多種，大部分都可在地殼中發現。

金屬用途廣泛，與人們的日常生活密切相關。

金屬特性

大多數金屬都具有可塑性，能夠被延展。通常情況下，金屬受熱後容易塑形。而且，金屬既導電又導熱，是良導體，這是因為金屬裡的電子比非金屬裡的電子移動得更自由的緣故。

金屬疲勞

由於金屬內部結構不均，因此也造成了受力傳遞的不平衡，有的地方會成為受力集中區。在力的持續作用下，裂紋越來越大，材料中能夠傳遞受力部分越來越少，直至剩餘部分無法繼續傳遞負載，金屬元件就會全部毀壞。

在金屬材料中添加某些元素，是增強金屬耐性的有效辦法。比如，在鋼鐵和有色金屬里加進稀土元素，就能大大提高金屬的耐性，延長使用壽命。利用金屬疲勞斷裂特性製造的應力斷料機，還可以依靠各種性能的金屬和非金屬在某一切口產生疲勞斷裂進行加工。

金屬提煉

地殼裡含有大量金屬，通常它們以化合物形態存在於岩石中，而不是純質的，這就是我們知道的礦石。礦石需要經過化學處理後，才能獲得純金屬。這個過程被稱為提煉，可提煉出含有雜質的化合物裡的純金屬。

金屬離子化傾向

金屬原子都有放棄電子、成為陽離子的傾向，這種傾向的強弱與金屬的種類有關，如鐵比銅更容易失去電子。將金屬按離子化傾向的大小順序從左至右進行排列的方法叫做電化序。氫不是金屬，但為比較上的方便，也將其列入排列順序中。這個順序也代表從礦石中提煉該種金屬的難易程度。金屬在電化序中的位置越高，它的原子越容易失去最外層電子而形成陽離子。

金屬的製造

將鐵礦石、焦炭放進熔爐中加熱，就能製造出真正可使用的鐵，但像鈉、鎂、鋁等金屬卻必須再經電解才能用於工業製造。由於這類金屬具有不容易接受電子的性質，不能夠在水溶液中經由電解而製造出來，所以必須經高溫熔化後再電解才能獲得。

金屬的鍛造

利用鍛壓機械對金屬坯料施加壓力，使其產生塑性變形以獲得具有一定機械性能、一定形狀和尺寸鍛件的加工方法，稱為金屬鍛造。

透過鍛造，可以消除金屬在冶煉過程中產生的鑄態疏鬆等缺陷，最佳化其微觀組織結構。同時，由於保存了完整的金屬流線，鍛件的機械性能優於同材質的鑄件。相關機械中負載高、工作條件嚴峻的重要零件，除形狀較簡單的可用軋製的板材、型材或焊接件外，多採用鍛件。

合金

由兩種或兩種以上的金屬或非金屬經熔合成均勻液體和凝固成的，具有金屬特性的物質，就是合金。

根據組成元素的數目，合金可分為二元合金、三元合金和多元合金。由於合金通常優於其成分金屬，所以在物理、化學、機械加工性能方面被大量應用於工業生產。

大約五、六千年前，兩河流域的蘇美人發現，在紅銅中加入錫，銅的熔點會變低，從而變得容易鑄造。這種銅錫合金就是青銅。

青銅是世界上最早的合金。在大約 5,000 ～ 2,000 年前，青銅器製造業在世界各地非常發達，當時的時代也被稱為青銅器時代。中國是世界上最早研究和生產合金的國家之一，在商朝青銅工藝就已非常發達，西元前 6 世紀左右已經鍛造出利劍。

形狀記憶合金

將彎曲的鎳鈦合金絲拉直，當它們接近火時，又恢復到原來形狀。這是材料的形狀記憶效應。金鎘合金、銅鋁鎳合金、銅鋅合金、銅錫合金等都具有記憶效應。

每種形狀記憶合金都具有一定的轉變溫度，在轉變溫度以上，金屬晶體結構穩定；在轉變溫度以下，晶體處於不穩定結構狀態。只要加熱升溫到轉變溫度以上，金屬晶體就會回到穩定結構狀態時的形狀。

形狀記憶合金可完全恢復形狀，並反覆變形 500 萬次，也不會產生疲勞斷裂。

太空船的天線就是用形狀記憶合金做成的，將其在轉變溫度以下疊成一個小球團，帶到月球上後，經太陽光加熱升溫，它展開即成天線。

用形狀記憶合金製成的玩具，變形後只要用火一烤，就會恢復原狀。如果用形狀記憶合金製造人造關節、人造骨骼等，即使發生變形，只要用火一烤就能 100%恢復原狀。

非晶態合金

把黏漿狀的熔融金屬高速冷卻，即可得到性能與一般金屬大為不同的非晶態合金。

非晶態合金由於快速冷凝，原子排列極不規則，無法形成晶體結構。非晶態合金具有良好耐腐蝕性和電磁特性，是很好的超導材料和儲氫材料，因此也被稱為「夢幻金屬」。

由於非晶態合金具有電磁特性，且十分堅硬，所以格外適合生產現代化磁頭，以便利用高性能的合金磁帶，它比一般結晶磁頭的耐磨性高 20%。

用非晶態合金製造變壓器的鐵芯，因發熱造成的鐵損約僅 0.4 瓦。但非晶態合金怕高溫，一發熱就會變成晶態，影響變壓器性能。

氫是最佳的二次能源，廣泛使用氫能的一個難題是氫的儲存，非晶態合金正是一種良好的儲氫材料，它吸收和釋放氫的速度極快，但儲氫量較小。

非晶態合金具有適當的韌性和彈性，是一種優異的超導材料。

超塑性合金

塑性是指金屬受到外力作用時，發生顯著變形而不立即斷裂的性質。通常金屬的延伸率都不超過 90%。但在某種特定的條件和拉伸速度下，一些合金的延伸率可達到 300%以上，且其應變速度為每秒 10 毫米，這種合金就是超塑性合金。

超塑性合金晶體組織很細緻，且容易和其他合金混合。目前已發現的超塑性合金已有近百種，最大延伸率可達 1,000%～2,000%，少部分可達 6,000%。

高溫合金

高溫合金又稱耐熱合金。通常來說，金屬材料的熔點越高，其可使用的溫度限度越高。這是由於，隨著溫度的升高，金屬材料的機械性能明顯下降，氧化腐蝕的趨勢相應增大。因此，一般的金屬材料都只能 500～600℃下長期工作，能在大於 700℃高溫下工作的金屬就通稱為耐熱合金。「耐熱」，是指其在高溫下能保持足夠強度和良好的抗氧化性。高溫合金對在高溫環境下的工業部門和應用技術具有重大意義。

金屬銅

銅是人類發現最早的金屬之一，也是最好的純金屬之一。銅能發出紫紅色的光澤，稍硬、極堅韌、耐磨損。它還有很好的延展性，導熱和導電性能較好，因此是工業上的重要金屬原料。

銅在自然界儲量非常豐富，且加工方便。銅是人類用於生產的第一種金屬，最初人們使用的只是存在於自然界中的天然單質銅，用石斧把它砍下來，便可以錘打成多種器物。

隨著生產的發展，人們找到了更多從銅礦中獲取銅的方法。由於含銅的礦物比較常見，人們就把這些礦石在空氣中焙燒，形成氧化銅後再用碳還原，就得到了金屬銅。純銅製成的器物太軟，易彎曲，但人們發現，把錫摻到銅裡製成青銅器，硬度就會比較高了。

銅的性質

銅和它的部分合金都有不錯的耐腐蝕能力，在乾燥的空氣裡不氧化，但在含有二氧化碳潮溼的空氣裡，在其表面就會生成一層綠色的鹼式碳酸銅 —— 銅綠。這種銅綠容易被鹼侵蝕，但易與氨形成錯合物。

銅無法置換酸溶液中的氫，但可溶於有氧化作用的酸中，如硝酸和熱濃硫酸。略溶於鹽酸。

銅的用途

利用銅的良好導電性，人們製成的導線廣泛應用於電力和電子工業，作為輸入導線。高純銅還可用於製造高導電性的銅材銅線和需要導電的零件。

銅還可以製成耐高溫的航太航空導線，或者做成各種銅合金，主要用於導電、導熱、彈性、耐蝕、裝飾造幣等方面。

銅化合物主要用於化工、醫藥、農藥、冶金等。比如，硫酸銅主要用於電鍍工業鍍銅及各種銅鹽生產的原料、化工催化劑、以浮選法選礦的活化劑、醫藥及農藥的消毒、殺蟲劑、動物飼料添加劑等。

銅的冶煉

現代冶銅通常是用電解法，將純銅作為電解陽極，銅礦作為陰極，電源正極連接陽極，電源負極連接陰極。電解液通常選用硫酸銅，這樣電解液中的銅離子會失去電子，銅礦中的銅和鐵得到電子，就可以將銅礦中的銅提煉出來。

銅合金

銅合金是以純銅為基體，加入一種或幾種其他元素所構成的合金。純銅呈紫紅色，又稱紫銅。純銅密度為 8.96，熔點為 1,083℃，具有優良的導電性、導熱性、延展性和耐蝕性，主要用於製作發電機、母線、電纜、開關裝置、變壓器等電工器材和熱交換器、管道、太陽能加熱裝置的平板集熱器等導熱器材。常用的銅合金分為黃銅、青銅、白銅三大類。

小知識 —— 銅與人體健康

銅在人類的生命系統中有著重要作用，人體中有 30 多種蛋白質和酶含有銅元素，現已知銅的最重要生理功能是人血清中的銅藍蛋白，它能催化鐵的生理代謝過程。銅還可以提高白血球消滅細菌的能力，增強某些藥物的治療效果。

銅雖然是生命攸關的元素，但如果攝入過多，也會引起多種疾病。

金屬鋁

地殼中，鋁的含量為 7.45%。它化學性質活潑，易與氧結合，所以自然界中並不存在天然的鋁金屬。

鋁的冶煉很困難，直到西元 1854 年，人們才用比氧更活潑的鈉把鋁從其氧化物中還原出來。後來人們發明了電解法，用以冶煉鋁，鋁從此才得以廣泛應用。

鋁的特性

鋁比重小，重量輕，不僅能減輕設備重量，而且強度高，耐腐蝕，用途廣泛。一架現代化超音速飛機，鋁和鋁合金占總重量的 70%；導彈上用鋁達 10%～ 50%；美國「阿波羅」飛船，鋁占金屬總重的 75%。

鋁的導電性能好，且鋁導線散熱快，能通過較大電流而不會被燒壞。近年來，鋁導線數量明顯增加。在現代積體電路生產中，人們用真空刻蝕鋁膜來連接各零件。

鋁的導熱性能好，在工業上多被用於生產熱交換器和散熱器，鋁製餐具也大量問市。

鋁易加工成型，可壓成薄板或拉成細絲。鋁容易與氧發生反應而在表面生成一層堅韌的氧化膜，這層膜性質穩定，抗腐蝕能力較強，適於製造防腐設備。

鋁反光能力強，可製作反射鏡；是非磁性金屬，可製作防磁羅盤盒；無毒性，也是良好的食品包裝材料。

鋁合金

純鋁中加入一些合金元素，就可以製成鋁合金。鋁合金易加工、耐久性高、適用範圍廣、裝飾效果好、花色豐富。鋁合金分為防鏽鋁、硬鋁、超硬鋁等種類。鋁合金保持了質輕的特點，但機械性能明顯提高。

鋁合金材料的應用主要有三個方面：作為受力構件；作為門、窗、管、蓋、殼等材料；作為裝飾和絕熱材料。鋁合金板材、型材表面可以進行防腐、壓花、塗裝、印刷等二次加工，製成各種裝飾板材、型材，作為裝飾材料。

通常工程用鋁都是用鋁合金，如飛機上用到的就是鋁鎂合金。

鋁氧化物

通常稱為「鋁氧」，鋁和氧氣化合生成鋁鏽——氧化鋁。氧化鋁是一種白色無定形粉狀物，俗稱礬土。它的流動性好，不溶於水，能溶解在熔融的冰晶石中。

氧化鋁是鋁電解生產中的主要原料，是一層薄的緻密物質，緊貼在鋁表面，防止鋁繼續與氧氣化合。所以，平時使用鋁製品時不宜用硬物摩擦，以免損及氧化膜的保護。

貴金屬

貴金屬主要指金、銀和鉑族金屬（釕、銠、鈀、鋨、銥、鉑）等八種金屬元素。這些金屬大多數擁有美麗的色澤，對化學藥品的抵抗力相當大，在普通環境下不易引起化學反應。它們被用來製作珠寶和紀念品，而且還有廣泛的工業用途。

金

金是人類最早發現的金屬之一，在地殼中的含量大約是一百億分之五。在自然界中，金常以顆粒狀存在於砂礫中或以微粒狀分散於岩石中。

金密度大，利用金、砂比重懸殊，人們用水沖洗含金的砂。金富有延展性，1 公克金可拉成 4,000 公尺的金絲。金也可捶成比紙還薄很多的金箔，厚度只有 1 公分的五十萬分之一。

金很柔軟，容易加工，可輕易在它的表面劃出痕跡。

金的熔點較高，達 1,063℃；化學性質非常穩定，把金放在鹽酸、硫酸或硝酸中，不會被侵蝕。

銀

一種銀白色的金屬，具有很好的延展性，其導電性和傳熱性在所有的金屬中最高，所以，銀常用來製作靈敏度極高的物理儀器元件，各種自動化裝置、火箭、潛水艇、電腦、核裝置以及通訊系統等。

銀具有很好的耐鹼性能，不與鹼金屬氫氧化物和鹼金屬碳酸鹽發生作用。銀最重要的化合物是硝酸銀。在醫療上，常用硝酸銀的水溶液作眼藥水，因為銀離子能強力殺死病菌。

鍍銀

將銀鍍在玻璃和金屬表面的技術，旨在利用金屬銀的優良導電性、抗腐蝕性和反光性能。

鍍銀有化學鍍和電鍍兩種，化學鍍銀是用還原方法使金屬銀沉積在玻璃上，保溫瓶中鍍的銀是化學鍍銀的典型例子；電解鍍銀是用電解方法將金屬銀沉積在其他金屬的表面。

鉑

一種銀白色金屬，質柔軟，有延展性，晶體結構為面心立方體。

鉑化學穩定性極高，不與一般強酸、鹼和其他試劑作用，在自然界中常以自然礦狀態存在，極為分散，多用原鉑礦富積、萃取而獲得。

鉑由於有很高的化學穩定性和催化活性，多用來製造耐腐蝕的化學儀器，如各種反應器皿、蒸發皿、坩堝、電極、鉑網等，鉑和鉑銠合金常用作熱電偶，來測定1,200～1,750℃的溫度。在化學工業中，鉑常用作催化劑。

鋨

一種灰藍色金屬，硬而脆，是密度最大的金屬，存在於鋨銥礦中；熔點 3,054℃，沸點 5,027℃；化學性質穩定，粉末狀的鋨易氧化。

鋨用於製造耐磨和耐腐蝕的硬質合金，以及合成氨和加氫反應中的催化劑等；與銠、釕、銥或鉑的合金，用作唱片機、自來水筆尖及鐘錶和儀器中的軸承。

銥

銥在地殼中的含量為千萬分之一，常與鉑系元素一起分散於沖積礦床和砂積礦床的各種礦石中。

銥為銀白色金屬，質硬而脆，難以加工。銥是已知最耐腐蝕的金屬，通常與鉑溶成合金，用於耐磨、耐高溫、耐腐蝕的器件；銥金屬互化物是超導體。純銥專門用在飛機火星塞中，多用於製作科學儀器、熱電偶、電阻線等。銥做合金用，可以增強其他金屬的硬度。它與鉑形成得合金，因膨脹係數極小，常用來製造國際公尺標準器。

鈀

一種銀白色金屬，在地殼中含量約為一億分之一，世界上最稀有的貴金屬之一，主要分散在沖積礦床和砂積礦床的各種礦物中。

鈀的質地較軟，有良好的延展性和可塑性；化學性比較穩定，能耐酸侵蝕；高溫時能與氧和酸反應；能吸附氫、氧等氣體，廣泛用作氣體反應，特別是氫化或脫氫催化劑。還可製作電阻線、鐘錶用合金等。

無論單獨製作首飾還是鑲嵌寶石，鈀都堪稱最理想的材質。

釕

硬質白色金屬，鉑系元素中在地殼中含量最少的一個，化學性質很穩定。在室溫時，氯水、溴水和醇中的碘能輕微腐蝕釕，對很多熔融金屬包括鉛、鋰、鉀、鈉、銅、銀和金有抗禦力。與熔融的鹼性氫氧化物、碳酸鹽和氰化物起作用。溫度達 100℃時，對普通酸有抗禦力，對氫氟酸和磷酸也有抗禦力。

釕是極好的催化劑，常被用於氫化、異構化、氧化和重整反應中。純金屬釕用途很少，是鉑和鈀的有效硬化劑，用以製造電接觸合金、硬磨硬質合金等。

銠

一種銀白色金屬，質極硬，耐磨，也有相當的延展性。存在於鉑礦中，在精煉鉑的過程中可以集取而製得，不與許多熔融金屬，如金、銀、鈉和鉀以及熔融的鹼起反應。可 . 用來製造加氫催化劑、熱電偶、鉑銠合金等。

除了製造合金外，銠可用作其他金屬光亮而堅硬的鍍膜，如鍍在銀器或照相機零件上。將銠蒸發至玻璃表面上，形成一層鍍層，能製作出優良的反射鏡面。此外，還用來作為寶石加光拋光劑和電的接觸零件等。

特殊金屬

通常，人們將鎢、鈦、銦、錫、鋅等金屬稱為特殊金屬，這些金屬在工業生產及日常生活中都發揮著相當重要的作用。

鎢

一種稀有高熔點金屬，在地殼中含量為 0.001%，鋼灰色或銀白色結晶，質硬而脆，熔點高。鎢化學性質穩定，常溫下不受空氣和水侵蝕，不溶於鹽酸、硫酸、硝酸和鹼溶液，鎢礦在古代被稱為「重石」。已發現含鎢礦物有 20 種，鎢礦床通常隨著花崗質岩漿的活動而形成。

鎢用途很廣，涉及礦山、冶金、機械、建築、交通、電子、科技各工業領域，可製造槍械、火箭推進器的噴嘴、切削金屬的刀片、鑽頭、超硬模具、拉絲模等。

鈦

地殼中鈦含量約 0.6%。鈦的高溫化學性質活潑，所以需在與空氣和水隔絕的環境中冶煉，在真空或惰性氣體中純化，冶煉技術困難。直到西元 1947 年，全世界僅生產出 2 噸鈦。

鈦比重小，強度高，抗腐蝕性強，甚至能抗王水的腐蝕。它熔點高，比黃金還高 600℃左右。

鈦是屬於太空時代的金屬。它的高強度、小比重的性能，尤其適於生產超音速飛機和航天器，美國 70%的鈦用於航空航太。

鈦耐高溫、性能好，是製造渦輪噴射引擎的理想材料。利用鈦合金代替不鏽鋼，可使引擎的重量減輕 40%～ 50%。鈦的抗腐蝕性能好，可用於製造深海潛艇；也可用於生產化工行業的反應器等設備。

鋇

一種銀白色的金屬，有延展性，化學性質活潑，能與大多數非金屬反應。易氧化，應保存在煤油和液體石蠟中。可溶於酸生成鹽，鋇鹽除硫酸鋇外都有毒。

金屬鋇很軟，可用小刀切割。鋇暴露在空氣中，表面形成一層氧化物薄膜，鋇還原性很強，可還原大多數金屬氧化物、鹵化物和硫化物，得到相應金屬。

鋇在電子管、陰極射線管中可用作消氣劑；鋇鎳合金用於電子管工業；鋇也可作軸承合金的成分；硫酸鋇用於醫療診斷。

錫

一種略帶藍色的白色光澤的低熔點金屬元素，在地殼中含量為 0.004%，幾乎都以錫石（氧化錫）的形式存在，此外還有極少量的錫的硫化物礦。錫熔點低，把它放進煤球爐中，便會熔成水銀般的液體。錫很柔軟，用小刀能切開它。錫化學性質穩定，在常溫下不易被氧化。

錫無毒，人們常把它鍍在銅鍋內壁，以防銅與溫水生成有毒的銅綠。牙膏殼也常用錫做成。

鋅

一種藍白色有光澤金屬。在室溫下，性較脆；100 ～ 150°C時變軟；超過 200°C後又變脆。

鋅化學性質活潑，在常溫空氣中，表面生成一層薄而緻密的保護膜，可阻止進一步氧化，所以鋅最大的用途是用於鍍鋅工業。鋅易溶於酸，也易從溶液中置換金、銀、銅等。鋅具有延展性，是很好的導熱體和導電體，在現代工業中對於電池製造相當重要。

鉛

一種帶藍色的銀白重金屬，主要存在於方鉛礦及白鉛礦中，經煅燒得硫酸鉛及氧化鉛，再還原即得金屬鉛。有毒性，具有延伸性。質地柔軟，延性弱，展性強，抗拉強度小。易氧化而失去光澤，變灰暗。溶於硝酸，熱硫酸、有機酸和鹼液。不溶於稀酸和硫酸。鉛主要用作電纜、蓄電池、鑄字合金、巴氏合金、防 X 光等材料。

汞

俗稱水銀，一種很重的銀白色液態過渡金屬。由於這種特性，水銀被用於製作溫度計。汞在地殼中相當稀少，極少數汞在自然中以純金屬狀態存在。汞導熱性能差，導電性能良好。汞最常用的應用是製造工業用化學藥物以及電子或電器產品。

除此之外，汞還被用在金礦提煉，以及氣壓計和擴散泵等儀器中。氣態汞被用在汞蒸氣燈中。其他用途還有水銀開關、殺蟲劑、牙醫用的汞齊、生產氯和氫氧化鉀的過程中、防腐劑、在一些電解設備中充當電極、電池和催化劑。

鈉

一種具有銀白色光澤的金屬。質地軟，能使水分解，釋放出氫。地殼中鈉含量為 2.83%，主要以鈉鹽形式存在，如食鹽、碳酸鈉等。鈉也是人體肌肉和神經組織中的主要成分之一。

單純的鈉很軟，可以用小刀切割。鈉是熱和電的良導體，還具有良好的延展性。鈉化學性質非常活潑。

鉀

一種銀白色金屬，很軟，可用小刀切割，可導電。其化學性質活潑，應保存在煤油中以防止氧化，暴露在空氣中時表面覆蓋一層氧化鉀和碳酸鉀，因而失去金屬光澤。鉀在空氣中加熱就會燃燒，在有限量的氧氣中加熱，生成氧化鉀；在過量氧氣中加熱，生成超氧化鉀。鉀的液氨溶液與氧氣作用，生成超氧化鉀；與臭氧作用，生成臭氧化鉀。但鉀的化合物很穩定，難以用常用的還原劑從鉀的化合物將金屬鉀還原出來。

鎂

一種輕質有延展性的銀白色金屬。輕金屬之一，存在於菱鎂礦、白雲石、光鹵石中，海水中也含鎂鹽。

鎂是航空工業的重要材料，還可用來製造照相和光學儀器等；鎂及其合金的非結構應用也很廣。鎂作為一種強還原劑，主要用於製造輕金屬合金、球墨鑄鐵、脫硫劑和格氏試劑，也能用於製煙火、閃光粉、鎂鹽等。

鎂具有輕金屬的各種用途，還可作為飛機、導彈的合金材料。但是，鎂在汽油燃點可燃，限制了它的應用。

鈾

一種銀白色活潑金屬，可延展、鍛造，能和所有非金屬作用（惰性氣體除外），也能和許多金屬作用，生成金屬間化合物。易氧化。與U-234、U-235、U-238 混合體存在於鈾礦中。少量存在於獨居石等稀土礦石中。可用電解法、分解法、還原法等從鈾礦中製得。

鈾過去一直被用作為玻璃染色的色素，現今純金屬鈾是核反應爐和原子彈中使用的核燃料，少量用於電子管製造業中的除氧劑和惰性氣體純化（氧、氬除外）。

小知識 —— 人體中的鎂

鎂是人體不可缺的礦物質元素之一。鎂幾乎參與人體所有的新陳代謝過程，在細胞內的含量僅次於鉀。

鎂影響鉀、鈉、鈣離子細胞內外移動的「通道」，並有維持生物膜電位的作用。鎂對心臟活動具有重要的調節作用，若體內缺鎂，會引起供應心臟血液和氧氣的動脈痙攣，容易導致心臟驟停而突然死亡。另外，鎂對心血管系統亦有很好的保護作用，它可減少血液中膽固醇的含量，防止動脈硬化，同時還能擴張冠狀動脈，增加心肌供血量。

鋼鐵

鋼鐵是目前應用最廣泛的材料。全球每年鋼產量超過 4 億噸。修房造屋、鋪路架橋，製造機器、飛機、輪船、大炮都要用鋼鐵。戰爭期間，鋼鐵消耗量尤為驚人。

鐵

自然界存在的隕鐵，是小行星進入大氣層燃燒冶煉後產生的。人們用的鋼鐵都是用鐵礦石冶煉而來。

鐵按含碳量可分為：純鐵，純度在99.9%以上，白色固體，性能差，幾乎無用途；熟鐵，含碳量低於0.4%，韌性較好；生鐵，含碳量高於1.7%，質地硬而脆，強度較高。

鋼

鋼的含碳量介於0.4%～1.7%間，其性能良好，種類繁多，應用廣。鋼主要分為碳素鋼和合金鋼。

碳素鋼又稱普通鋼，其主要成分是鐵和碳，其餘元素含量雖然很少，但也能影響其性質。碳素鋼主要用作結構鋼和工具鋼。目前，美國有90%的建築採用鋼骨結構，而不用鋼筋混凝土。

合金鋼

在普通鋼中摻入鎳、鎢、鉬、釩、銅、鈦、鋁、鈷、矽等元素，就可獲得性質不同的合金鋼。合金元素的加入，使鋼的性質發生變化，獲得許多優異性能。

西元1882年，英國的哈德菲爾德（Robert Hadfield）成功製出錳鋼。錳鋼具有優良的耐磨性和抗震性，適於製造碎石機、鋼軌。後來又出現高錳鋼，含錳量達80%，性極堅韌，適合製造艦艇和坦克裝甲。之後，相繼出現含有鎳、鉻的不鏽鋼，它具有極高耐腐蝕性，在高溫下不會氧化。製造汽輪機葉片、耐酸器件、飛機零件等都會用到它。

以鐵、鈷、鎳為主要成分的耐熱鋼，可以在800℃以上的高溫環境中正常工作。美國阿波羅太空梭上塗有鉬化合物，能在2,760℃的高溫下工作。高性能的耐熱鋼，可提高火力發電站的蒸汽溫度，從而提高發電廠的熱效率。

硬質合金鋼則稱得上削鐵如泥，它採用粉末冶金工藝製成：將難熔的鎢、鉭、鈦、鉬等元素碳化物的硬質顆粒，混合鐵合金的粉末後，壓製成型，再經高溫燒結而成。硬質合金鋼的抗壓強度極高，含鈷 10%的碳化鎢基合金，是世界上強度最高的合金。

超導材料

日常生活中，使用的一切物質都具有電阻，但當物體的溫度逐漸降低到絕對零度（零下 273.15℃）附近時，其電阻就會變成零。這就是超導現象。

超導體沒有電阻，在有電流流過時不會發熱而損失電能，因此採用超導電線可遠距離無損耗輸電，電廠就可遠離居住區。

超導體中，每平方公分可流過幾十萬安培的強大電流，產生很強的磁場，且消耗的電能很少。日本用超導體產生 17.5 萬高斯的強磁場，加上冷卻用電也僅為 15 千瓦。這種強磁場是有朝一日達成可控核融合的關鍵之一。

用超導體製成的超導發電機的功率，是目前發電機的 100 倍以上；超導磁浮列車的時速每小時已達 550 公里；高速超導電腦的計算速度，每秒可達幾百億次以上。

小知識 —— 超導儲能

將一個超導體圓環置於磁場，降溫至圓環材料的臨界溫度以下，撤去磁場，由於電磁感應，圓環中產生感應電流，只要溫度保持在臨界溫度以下，電流便會持續下去。這種電流的衰減時間不低於 10 萬年，是一種理想儲能裝置，稱為超導儲能。

超導儲能是功率大、重量輕、體積小、損耗小、反應快等，應用範圍廣泛，比如，高功率雷射器需要超導儲能裝置承擔在暫態提取出的巨大能量。超導儲能還可應用於電網。

半導體材料

日常用的銅、鐵、鋁等很容易導電，被稱為導體；而橡膠、塑膠等幾乎不導電，被稱為絕緣體。在導體和絕緣體之間，還存在大量半導體，其導電能力居中，並隨溫度升高而增大，隨溫度下降而減小，這就是半導體。

半導體是製造電子元件的主要材料，收音機、電視機、電子遊戲機以及工業用電腦、機器人等，都由電子元件構成。半導體材料製成的電子元件效能好，而且重量輕、壽命長，又很省電。

半導體材料具有良好的光電轉換效應，適合製造光電電池。有了平價高效的光電電池，我們才能充分利用太陽能。有些半導體材料的溫差電動勢很大，能直接將熱能轉換為電能。這種溫差發電機適合偏遠、缺電的地區。在宇宙飛行器、導航設備上也有用到。

半導體材料還用於製造雷射器，雷射方向性好，能量集中，在現代各行各業獲得廣泛應用。用半導體製成的 LED，在光纖通訊中擔任光源，非常重要，一條光纜可載上億部電話。據估計，光子電腦將比電子電腦運算速度快幾十倍。

矽是目前應用最廣泛的半導體材料。

無機非金屬材料

無機非金屬材料，以前主要指含有二氧化矽酸性氧化物的矽酸鹽材料，如陶瓷、玻璃、磚瓦、耐火材料、水泥等。現在，無機非金屬材料已超出矽酸鹽的範圍而日趨多樣化。

陶瓷

遠古時的人們用黏土作成器皿盛裝食物，後來發現這些器皿經火燒後更加堅固耐用，這就是最初的陶瓷。

陶瓷的主要原料是黏土、長石、石英石等。陶瓷硬度高、耐高溫、抗腐蝕，在工業上有廣泛用途。

用氧化鋁陶瓷作成的刀具，能切削硬度較高的合金鋼。二戰以來，人們普遍用氧化鋁陶瓷做火星塞。用純度達 99.99%的氧化鋁細粉作原料，燒製出半透明的陶瓷，用它製成的高壓鈉燈，亮度高、壽命長、清晰度高，能穿透濃霧。

碳化矽陶瓷是一種新型精密陶瓷。它質地堅硬，可替代鑽石。人們採用熱壓燒結法得到的碳化矽陶瓷，在 1,400℃高溫下，其抗彎強度每平方公分達 5 ～ 6 公噸以上，適於製造高溫燃氣渦輪引擎。

西元 1955 年，出現了鋯鈦酸鉛壓電陶瓷。用這種壓電陶瓷，可以生產高功率的超聲波與水聲的換能器，也可作為高靈敏度的壓電測量裝置，廣泛應用於高頻通訊技術、導彈技術、地震預報和醫療上。這種陶瓷也是一種透明陶瓷，加上電場後具有雙折射效應，去掉電場後又變成各向同性。用它可製成立體電視眼鏡，可看到立體電視或電影，醫生用這種眼鏡還可透過電視看到病人體內的立體影像，便於診斷治療。

水泥

一種水硬性材料，與水混合後逐漸結硬而生成堅硬的人造石。在水泥中摻入砂，用水調成砂漿，對磚瓦、石頭等有良好的黏著力，是一種很好的黏合劑。水泥和砂、碎石摻在一起，加水攪拌成混凝土，具有很好的抗壓性能，但抗拉強度差。

用水泥包著鋼筋後生成的鋼筋混凝土，具有優秀的性能。

水泥的主要成分是矽酸鹽，是用黏土和石灰石在旋轉窯內燒製而成，是建築的常用材料。

在水泥中摻入 20%～ 50%的火山灰，得到的火山灰水泥非常耐沖刷，適於建築水庫、水電站；在普通水泥中摻入 20%～ 85%的高爐礦渣，製得的礦渣水泥可耐高溫；在普通水泥中加入石膏和膨脹劑，可製得膨脹水泥，適合修補隧道、涵洞。

目前，每年全世界水泥的產量已過 8 億噸。人們尚在研發各種特殊水泥，如耐油防水的抗滲水泥，抗酸鹼腐蝕的耐酸鹼水泥，以及能阻止放射線滲透的放射物的包封用水泥等。

耐火材料

指能耐 1,580℃以上高溫的材料。

耐火材料在工業應用中不可或缺，如鋼鐵工業、金屬工業的冶煉爐，發電廠和火車頭的鍋爐，煉焦工業的煉焦爐，製造水泥、玻璃、陶瓷、磚瓦的窯爐等，都會用到它。

耐火材料種類繁多，耐火磚是最常用的一種，其化學成分主要是氧化鋁和氧化矽，可耐 1,700℃高溫，被廣泛用於鍋爐的內襯磚。高鋁磚可耐 1,800 ～ 2,000℃的高溫，抗化學侵蝕和抗磨蝕能力都大大超過黏土磚，可作高爐和加熱爐的爐底材料。

鎂磚含85%以上的氧化鎂，耐鹼性腐蝕能力強，但抗急冷急熱性差。

鉻磚耐高溫，抗鹼性化學侵蝕能力強。

矽磚主要用在煉鋼爐、煉焦爐和玻璃窯上。

碳磚大量用於高爐煉鐵。

除了成型的耐火材料，還有不定型耐火材料，作為補爐時的修補膠合劑。另一種是耐火纖維製品，它重量輕，耐高溫抗腐蝕，在電爐、鋁電解槽、熔煉爐上都有廣泛應用。

隨著高溫工業的發展，過時的耐火材料逐漸被淘汰。

發光材料

日光燈、夜光錶、電視機中都含有發光材料。發光材料可分為儀器用發光材料和燈用發光材料。

儀器用發光材料，夜光錶上的夜光粉即屬於此類材料，它以硫化鋅為基質，加入啟動劑、助熔劑，在 700 ～ 1,000℃燒結成塊，研磨到一定細度後再加入 0.01%的放射性物質（如鐳鹽或鉦鹽），再加上黏合劑即可使用。它靠放射性元素衰變時發出的 α 射線啟動發光材料，從而產生永久性螢光。

燈用發光材料最常見的是日光燈中的發光粉，它是以鹼土金屬（鈣、鍶、鋇、鎂）的硫化物或氧化物按配方製得的暫時性發光材質，在高壓電流的啟動下產生螢光，發光效率極高；陰極射線發光材料，主要是映像管電視螢幕上所用的黑白電視螢光粉和彩色電視螢光粉，多以鹼土金屬的硫化物作基質，加入不同的啟動劑製成。

無機合成高分子

無機材料家族中的一個新分支，由於其原料主要來自地質資源，如岩石、砂礫、黏土、礦物等，所以被人們稱為地質化學工業。

西元 1973 年，人們發現了聚硫化氮，它具有金屬光澤和導電特性。在室溫下，其導電性與汞相近，在接近絕對零度時變成超導體。其電導率具有方向性，在沿線型高分子鏈的方向上的電阻是垂直方向上的 1/10。

還有一種無機高分子 —— 聚偶氮磷化合物，其性質類似矽橡膠，可作橡膠製品。它能耐極低溫，在 -150 ～ 250℃間能長期使用。它具有良好的生理穩定性能，如把藥物摻入此化合物中製成聚合物藥片，可使藥劑緩慢釋放到人體內，既能延長藥效，又能使血液中的藥量維持穩定。

玻璃

人類發現玻璃、製造玻璃已有 5,000 多年歷史，但要生產精美的玻璃製品很困難。西元 1908 年，美國人發明了平拉法。1910 年，比利時人發明了有槽垂直上拉法，使平板玻璃的生產擺脫手工吹製法而迅速發展。1959 年，英國的皮爾金頓兄弟公司研發浮法玻璃生產工藝，提高生產效率並降低生產成本。1971 年，日本人研發對輥法，又使玻璃生產大大前進了一步。

改性玻璃

玻璃出爐後的處理工藝可以改變它的性能，使之適應特殊行業需求。如噴射空氣使玻璃迅速冷卻，能使玻璃有韌性，可用於製作汽車車窗；加鈷及硒的氧化物可去掉生玻璃上的綠色。

浮式玻璃

浮式玻璃是採用一種非常巧妙的玻璃製造方法製成的，它先使熔融的玻璃體浮在熔融的錫所形成的「河」上，使玻璃表面變得如同金屬表面一樣平滑；然後再用滾筒把玻璃傳送去冷卻、固化，這種工藝在製造專用玻璃板上應用非常廣泛。

吹玻璃

一種古老的玻璃製造法，為不讓熔得早已軟化的前端掉落，一面輕輕吹氣，一面不停轉動手中吹管，玻璃不斷膨脹成空心體；同時可擠壓、拉伸成所需的形狀。

由於吹製時的氣流運動，瓶內有一波一波的天然紋路，由於是人工掌控，所以製造出的玻璃可以比一般的玻璃薄很多。

強化玻璃

玻璃易碎，如果在玻璃型材製成後進行特殊淬火處理，即把玻璃加熱到 600 ～ 650℃以上，用油或其他介質使玻璃驟冷，即可使玻璃的抗彎強度提高 7 ～ 8 倍，這種玻璃打碎後成為小鈍角形的碎粒，不會有刺傷人的危險，這就是強化玻璃，適於作汽車等的車窗。

脫色玻璃

在一般玻璃中加入少量的脫色劑，如硝酸鈉、氧化砷等，可使玻璃變得更晶瑩透明，用它做成的器皿精美華麗。

玻璃陶瓷

如果在玻璃配料中加入少量金、銀、銅等金屬鹽類成核劑做晶核，誘使玻璃形成細小晶胞，即可獲得晶體顆粒在 0.05 ～ 1 微米的微晶玻璃。

其晶格緻密，強度高，抗彎強度是普通玻璃的 7 ～ 12 倍。

微晶玻璃耐高溫性能好，在 1,300℃時才會軟化；耐熱衝擊，在 900℃時投入冷水中不會破裂；耐磨、耐腐蝕，能當作導彈的雷達罩，可用於生產特殊軸承。

光敏微晶

在微晶玻璃中加入感光金屬鹽類，即可製成光敏微晶玻璃。它具有如同照相底片一樣的功能，一經加熱，就會顯示出圖案。這種玻璃在光刻、光蝕技術及積體電路生產中具有重要作用。

光學玻璃

玻璃晶瑩透明，是生產光學儀器的重要材料。13 世紀，威尼斯人用玻璃製成眼鏡；16 世紀，人們發明了望遠鏡和顯微鏡發明。

有色玻璃是一種常見的光學玻璃，古人憑經驗開始少量製作。到 20 世紀，光學揭開有色玻璃濾色的原理，人們據此製成各種光色玻璃，具有選擇某些特定光線的能力。如為了保護珍貴書籍，應避免紫外線長期照射，人們採用含有氧化鉻、氧化釩的玻璃做圖書館的窗玻璃，即可阻止紫外線進入書庫。在原子能工業中，在作為觀察窗和觀察鏡的玻璃中，加入硼和鎘的氧化物吸收中子流，加入氧化鋇、氧化鉛吸收 γ 射線。

變色玻璃

根據光色互變原理製成的變色玻璃，是在玻璃中加入鹵化銀並經適當熱處理，使鹵化銀部分沉澱為微晶，當強光照射，鹵化銀分解為鹵素和銀，使玻璃變暗，減少光線通過；當無光照，鹵素與銀又結合為鹵化銀，形成無色晶體。這種變色玻璃適合製作變色眼鏡和汽車前窗玻璃，能有效保護視力。

玻璃纖維

把熔化的玻璃拉成細絲，即成為玻璃纖維。

玻璃纖維是西元 1930 年代的發明。隨著技術的不斷發展，玻璃絲越拉越細，已超過羊毛和棉紗，玻璃製品從此成為抗拉強度很高的纖維。用玻璃纖維製成的繩纜比鋼繩輕，在建築、航海上用途廣泛；用玻璃纖維製成的布，耐高溫，不怕腐蝕，並具有絕緣隔熱性能，在電機、化工、冶金、交通、國防等產業倍受好評。

光纖

一種玻璃纖維，它用一種折射率較高的玻璃作芯，用另一種折射率較低的玻璃作外皮，套製而成。

由於玻璃的光學特性，光可以透過光纖向遠方傳遞。光纖越細越純，在傳輸中光能的損耗就越少。光纖傳遞訊號的能力強，一根比頭髮絲還細的光纖能傳遞上千通電話；光纜不受電雜音干擾，可和電線捆在一起而不失真，重量輕，占地少，尤其適合高效的通訊交流使用，是通訊史上的重大變革。

小知識 —— 新型防彈玻璃

防彈玻璃是能夠抵禦槍彈射擊而不被穿透，最大限度保護人身安全的深加工玻璃。傳統的防彈玻璃是由多層無機玻璃和 PVB 膠片夾層複合而成，需要厚度大的玻璃來滿足防彈性能要求。

利用先進的設備和有機－無機複合工藝研發的一種新型防彈玻璃，是用一種新型中間黏結材料將高強度透明有機板材和無機玻璃牢固黏結複合而成。與傳統的防彈玻璃相比，這種新型防彈玻璃具有重量輕、厚度薄、強度高、槍彈衝擊後不穿透且背面無飛濺物的特色，有更好的保護作用。

有機高分子材料

高分子化合物指含有很高分子量的化合物，一個分子通常含有幾十萬、幾千萬甚至更多原子，這些分子是形狀細長的鏈，鏈彼此糾纏，分子間吸引力極強，使高分子具有一定的強度和彈性。當高分子受熱，長鏈不易傳熱，熔化前會經歷軟化過程，具有良好的可塑性。高分子同時具有良好的電絕緣性。有機高分子材料包括塑膠、橡膠、纖維、液晶材料等。

塑膠

塑膠在日常生活中隨處可見。在工業上，塑膠廣泛用作管道、外殼及機械零件。全塑汽車也出現在汽車產業中。

塑膠以合成樹脂為主要成分，加入某些添加劑後，構成可塑性高分子材料，過程完全人造。樹脂是生產塑膠的原料，但生產塑膠用的是合成樹脂，將低分子量的化合物經各種化學反應聚合成分子量成千上萬的高分子量化合物，通常以生產塑膠的合成樹脂命名塑膠。

按其性質，塑膠可分為熱塑性塑膠和熱固性塑膠。熱塑性塑膠的分子鏈為線型或枝型鏈，通常受熱變軟或變成黏稠體，在加熱條件下可塑化成形，可重複變形；熱固性塑膠的分子鏈呈網狀，在加熱初具有流動性，繼續加熱後會發生化學反應，生成網狀鏈，此時，原料固化，無法再用加熱的辦法使它重新具有可塑性。

合成橡膠

橡膠是一種天然高分子材料，橡膠樹樹汁經處理後得到，人類早在11 世紀就有關於橡膠球的記載。

橡膠的主要特色是它的拉伸彈性和壓縮彈性，因而在日常生活、工業和國防等領域有重要用途。由於天然橡膠無法滿足實際生活所需，人們開始生產人工合成橡膠。

橡膠可分為通用橡膠和特種橡膠。通用橡膠主要指用於輪胎製造和民用產品方面的橡膠，產量占合成橡膠的 50%以上；特種橡膠作為特殊用途的橡膠性能要求很高，如需耐 200℃以上高溫或零下 120℃以下低溫而性能不變，或具有高度絕緣、耐輻射、耐真空的特性。

生活中常見的另一類橡膠製品是薄膜製品，如醫用手套、氣球、飛艇、雨衣等，它們由液體乳膠製成。液體接著劑又稱液態橡膠，是一種低分子量的聚合物，廣泛用於黏結各種金屬、塑膠、皮革、書籍等。

纖維

纖維材料包括：天然纖維，如植物纖維棉、麻等和動物纖維羊毛、蠶絲等；化學纖維，包括人造纖維和合成纖維。

天然纖維資源有限，現代的合成纖維工業以石油為原料。

皮革、紙張都屬於平面型纖維織物。皮革纖維是強韌的膠原蛋白纖維，經鞣革劑作用，形成強韌的網狀結構；紙張纖維是植物性纖維，在造紙過程中，這些植物纖維糾結成網狀結構。

合成革是把樹脂塗在底物布上製造成的樹脂薄膜，沒有微氣孔，不透汗，穿起來會有不適感。後來，人們在合成革中加入聚氨脂，聚氨脂在凝固過程中會產生微氣孔。這種合成皮革像天然皮革一樣透氣，比天然皮革耐用，可裝飾成各種皮革外表。

普通紙張的強度通常不高，易被蟲蛀，不耐酸鹼。用人造纖維為原料製成聚合薄膜，再經紙化技術，即可得到合成紙。目前有用於描圖的描圖紙、用於印刷製版的銅版紙、不怕日晒雨淋的廣告紙，用這種紙生產的軍用地圖和防水海圖，抗折抗皺，不怕水，使用方便。如果用合成纖維作原料，按傳統造紙法即可造出合成纖維紙，它強度高，抗腐蝕，抗撕摺，抗霉防蛀，用作電池隔膜紙，不僅提高了電池壽命，同時改善了電池效能。

功能高分子材料

功能材料主要包括功能高分子材料、與能源有關的材料、具有生理機能和生物活性的材料以及具有「感覺」和「記憶」功能的材料。這些材料利用其物理和化學的特殊性能，如光電效應、生理機能，催化活性、記憶功能等。

高分子材料是功能材料的主要內容物。

醫用功能高分子材料

用人造材料來再造人體的組織和器官，用以替換已經壞死或無法正常運作的器官，從而治癒各種疾病。經過多年研究，人造血、人造皮膚、人造心臟等已出現。

全氟碳乳液是一種人造血液，代號 FC，性質穩定，加乳化劑後成為乳化液。它的溶氧量比血紅素多一倍，同時還能釋放二氧化碳，吸氧和釋放二氧化碳的速度比血紅素快幾倍，且沒有血型問題，任何病人都可直接輸入動脈。

人造心臟主要由動力部分、幫浦和監控系統組成，其中幫浦是關鍵，製造幫浦的材料需要機械強度高、無毒、不致癌、良好的生化穩定性和彎曲性。

人工腎臟是研究最早而又最成熟的人工器官，其關鍵是研發出具有高度選擇性的半透膜，可採用聚丙烯腈矽橡膠、賽璐玢、聚醯胺等材料。

聚丙烯腈矽橡膠薄膜的選擇通過能力極高，可用於製造人工肝臟；聚丙烯薄膜可透析血液中的二氧化碳，適於製造人工肺；用金屬骨架外包超聚乙烯材料製成的人工關節，彈性適中，耐磨性好，效能傑出。

液晶材料

某些有機化合物晶體，被加熱到一定溫度時會變成一種渾濁、黏滯的可塑性物質，再升溫，又突變成完全清澈透明的液體，這種介於固、液態之間的物質就是液晶。目前，已知具有液晶性質的有機化合物超過2,000種。

按分子排列的不同，液晶材料可分為近晶型液晶、向列型液晶和膽固醇液晶。近晶型材料的分子排列整齊，對電和磁都不發生反應；向列型液晶的分子在長軸方向排列一致，而層狀不整齊，當外加電場，分子排列變亂，由透明轉向渾濁，形成光的散射體。它適於製造電控亮度玻璃，如照相機上的自動光圈和數碼顯示器；膽固醇液晶的條狀分子層層相疊，錯開一定角度，扭轉成螺旋型結構。它除具有特殊光學效應外，還具有明顯的溫度效應。隨溫度升高，其顏色按紅、橙、黃、綠、藍、靛、紫變化；溫度降低，則按反方向變化。它的這種溫度效應適合作金屬的無損探傷和用於醫療上檢查血栓和腫瘤。

在工業上，多把三種液晶混合使用，或在混合液晶中加入添加劑，效果更佳。液晶材料體積小，耗能少，在電腦、電視、鐘錶、微波測量、醫療、航太方面具有重要用途。

其他功能高分子材料

離子交換樹脂，由聚苯乙烯、聚氯乙烯或其他樹脂高分子鏈為骨架，在主鏈或側鏈上連接易與金屬離子或酸根離子發生作用的基團，從而生成聚合物。它能將稀溶液中的離子固定在樹脂上，淡化溶液；又可把固著在樹脂上的離子洗掉，聚集或濃縮微量元素。

在實驗室中，它可用於生產超純水和提煉微量元素。在工業上，它可用於淡化海水或聚集海水中的鐳、鈾、鈈等原子工業的原料，也可用於淨化廢水、廢氣。

感光樹脂多用於印刷工業。在光線作用下，這種高分子發生交叉鏈結聚合作用生成不可溶樹脂，未曝光部分可用溶劑沖掉，由此得到具有立體浮雕式的圖樣，可直接用於印刷製版，使製版過程完全自動化。

複合材料

現代的複合材料本質上是基體和增強劑的結合。基體通常有合成樹脂、塑膠、橡膠、金屬、陶瓷等，玻璃纖維、硼纖維、碳纖維等是增強劑。

按結構特點，複合材料可分為纖維複合材料、細粒複合材料、層疊複合材料及骨架複合材料。目前發展最快的是纖維複合材料。

纖維複合材料

玻璃鋼以玻璃纖維為骨料，以合成樹脂作黏著劑，加熱壓製成型。其成品強度等同於鋼材，卻只有鋼的 1/5 ～ 1/4 重，耐高溫、抗腐蝕、電絕緣、抗震抗裂、隔音隔熱，在航空、機械、汽車、艦船、建築、化工等部門已經得到廣泛應用。

硼纖維，一種強度、彈性超越玻璃纖維的纖維材料，其強度是玻璃纖維的 5 倍，既可與樹脂結合，又可與金屬結合。用金屬鋁作基體的硼鋁複合材料耐 1,200℃高溫，用其製造飛機機體，飛機重量可減輕 23%。

碳纖維，用聚合物纖維製得，碳纖維直徑只有 5 ～ 10 微米，碳纖維高強度、高彈性模量、耐高溫、耐腐蝕、耐疲勞、抗潛變、導電傳熱、密度小、熱膨脹係數小。用碳纖維增強陶瓷或玻璃，不僅提高陶瓷或玻璃強度，還大大提高其韌性。該增強複合材料在燃氣渦輪機、火箭引擎上用於製作關鍵設備。用碳纖維增強鋁的複合材料的比強度、比模量都很高，能耐高溫，抗拉強度、耐磨性好，是電和熱的良導體，在飛機、坦克、導彈、衛星等方面有廣泛應用。

其他類型複合材料

細粒複合材料，其代表是金屬陶瓷，由陶瓷黏結金屬組成，是一種非均勻複合材料。陶瓷主要是高熔點的氧化物、硼化物、碳化物等。金屬是某些過渡族金屬及其合金，金屬和陶瓷靠分子間的相互擴散和滲透而形成複合材料，既具有金屬的韌性、高導熱性、良好的抗熱衝擊性能，又具有陶瓷的耐高溫性能，在航太、化工、機械、冶金、國防等行業都大有作為。

層疊複合材料，其代表是夾層玻璃，它是在兩層玻璃中間加入塑膠等填充料黏結而成。這種夾層玻璃曾用作汽車等的窗玻璃，防止玻璃傷人。有的飛機也採用多層有機玻璃作窗門，人們常用金屬板夾高性能高分子材料作為減振材料，減輕振動和降低噪音。

小知識 —— 金屬基複合材料

金屬基複合材料是近年來迅速發展起來的一種高技術新型工程材料，具有較高的比模量、比強度，優良的高溫性能、低熱膨脹係數、低摩擦係數以及良好的耐磨性。由於優良的加工成型性能、明顯的價格比等優勢，在世界許多國家，如美國、英國、日本，對它的研究和應用開發正熱烈展開。

金屬基複合材料的成功應用，先是在航空、航太領域，如美國宇航局採用 B/A1（硼—鋁）複合材料製造飛機中部 20 公尺長的貨艙行桁架。近年來，金屬基複合材料已逐漸被用於需要更高精密度的關鍵零件，如英國航太公司從西元 1980 年代起研究用微粒和晶鬚增強鋁合金製造三叉戟導彈制導原件，美國 DWA 公司和英國 BP 公司已製造出專門用於飛機和導彈的複合材料薄板型材，以及航空結構導槽等。

金屬基複合材料的最大優點就是性能的可設計性，即依零件在不同工況下的性能要求，設計材料成分。

載能束

載能束指電子束、離子束、雷射光束。將這些具有高能的束流強行注入材料內部，在材料的表層可迅速加熱到高溫，也可快速冷卻，冷卻速度達每秒 1,012℃。

載能束離子作為摻入物，摻入材料表面，能改變材料表面成分。快速加熱、冷卻，能引起材料內部的結構變化，使原子重新組合，由此產生新化合物。

載能束可改變材料表面的結構，大大提高材料的抗磨損性能。經載能束加熱的金屬，可在改性材料表面上形成擴散層，增加材料抗磨、抗腐蝕的性能。比如，將鋁蒸氣擴散到鋼上，鋁的擴散層對鋼有良好防護的功能。鐳射表面處理已廣泛應用在工業上，如對郵票打孔機的滾筒經鐳射處理後，將一個滾筒原先只能列印 150 萬張的紀錄提高到 1,500 萬張。

非晶態材料

非晶態材料屬於一種新型的固體材料，包括常見的幾種玻璃塑膠高分子聚合物，新興的金屬玻璃、非晶態合金、非晶態半導體、非晶態超導體等。晶態物質內部原子呈週期性，非晶態物質內部則不同。由於結構不同，非晶態材料具有優異的機械特性（強度高、彈性好、硬度高、耐磨性好等）、電磁學特性、化學特性（穩定、高耐蝕等）、電化學特性及優異的催化活性。

金屬玻璃

西元 1962 年，人們將熔融金屬急冷製成金屬玻璃。

金屬玻璃因其優異的機械性能可用作高強度的耐磨磁頭，有些金屬玻璃的軟磁性可媲美最好的晶態材料，其鐵磁損耗比晶態材料小許多，是理想的電磁材料，有些金屬玻璃的耐輻射性能使其成為很好的電阻和熱電偶材料。

非晶態金屬

目前，可用多種方法獲得非晶態材料，其中電鍍和化學鍍方法，製程簡便、成本低、可大面積鍍層。

Ni-P 非晶態金屬在電腦硬磁片、磁紀錄材料、電子材料、半導體材料等方面具有廣泛用途。

高溫超導

在元素週期表裡，大部分元素都具有超導特性或在高壓力作用下呈超導現象，已確定其中僅 33 種元素本身沒有超導性。但那些元素的超導轉變溫度極低，只有零點幾度（絕對溫度 K）至幾度（絕對溫度 K）。西元 1960

年代後期，日本利用超導磁力使車廂懸浮於軌道，並推動車廂高速前進。

高溫超導體實現了在強電方面的應用，全球的電力輸送，從發電到供配電模式都將全部改變，如能做到無損耗輸電，光是美國一個國家一年即可節省 100 億美元。

採用超導材料建設超導電子對撞機的電子儲存環，可使達 40 萬億電子伏特的粒子發生對撞。高溫超導的超導量子干涉儀的誕生，使超導在弱電應用方面，如電子通訊、資訊技術、精密儀錶、核子物理、醫學、軍工、宇航的應用前景更為廣闊。

奈米材料

奈米材料指材料尺寸在 1 ～ 100 奈米範圍內的金屬、金屬化合物、無機物或高分子的顆粒。這些奈米級顆粒展現出許多奇特的性能，這些性能既不同於平常的大塊材料，也不同於單個原子狀態的特性。

奈米固體

在膠體溶液中，人們發現了奈米材料。它們是直徑為 1 ～ 100 奈米的粒子。奈米固體是一種具有奇異結構類型的固體，在奈米顆粒的直徑為 2 ～ 10 奈米的顆粒中，其原子數目通常為 100 ～ 1,000 個，其中有 50%的體積是按不同方向排列的介面原子。這樣組成的材料，不同於晶態或非晶態。

奈米粉末

奈米粉末在性質上呈現出一連串奇異的物理特性，如金屬奈米粒子不反光，且吸收光，奈米金屬粒子都很黑，不反光，表示具有強吸光特性。

另外，奈米金屬粒子的熔點明顯低於金屬粉末，如 10 奈米的鐵粉，熔點降低 33°C，即從 1,526.5°C降至 1,493.5°C。奈米金粉降低 27°C，即從1,063℃降至1,036℃，其顆粒越細，熔點下降越明顯。在光學、電學、磁學、熱學等方面，奈米粉末均與同類的塊體材料不同。

小知識 —— 奈米材料的應用

奈米鎳粉或銅鋅奈米粉末對某些化合物反應是極好的催化劑。鐵的奈米顆粒外覆蓋一層5～20奈米的聚合物，可固定大量蛋白質或酶，從而控制生物反應。高分子奈米材料在潤滑劑、高級塗料、人工腎臟、各種感測器及功能電極材料方面都有重要應用。奈米材料的磁性強，奈米級的磁紀錄材料能獲得很高密度的磁紀錄特性。奈米材料不僅包括粉狀，還有奈米級薄膜和奈米纖維。奈米薄膜又稱超薄膜材料，製成10奈米磁膜或磁帶材料，其磁性能得到明顯改善。

材料工程

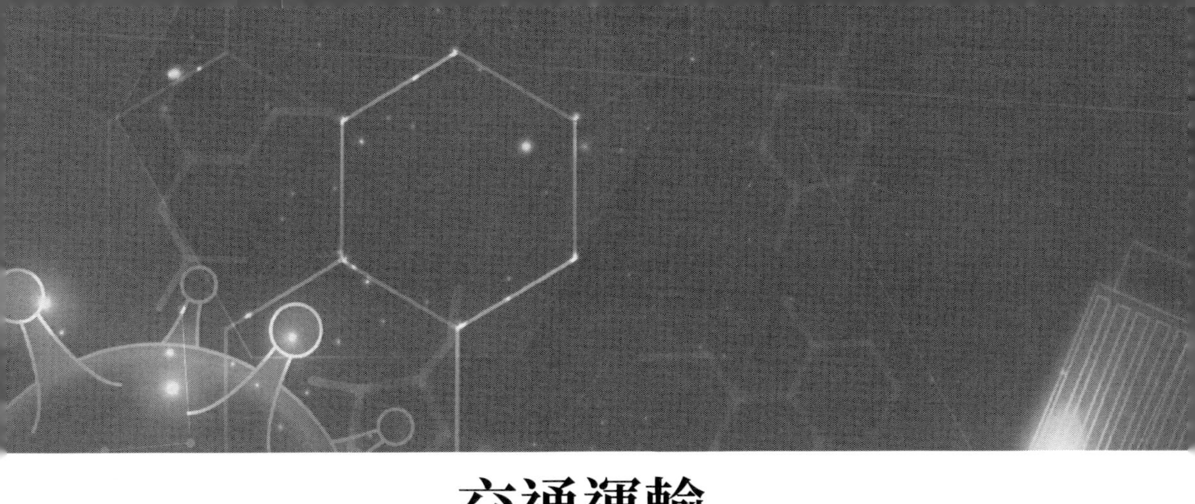

交通運輸

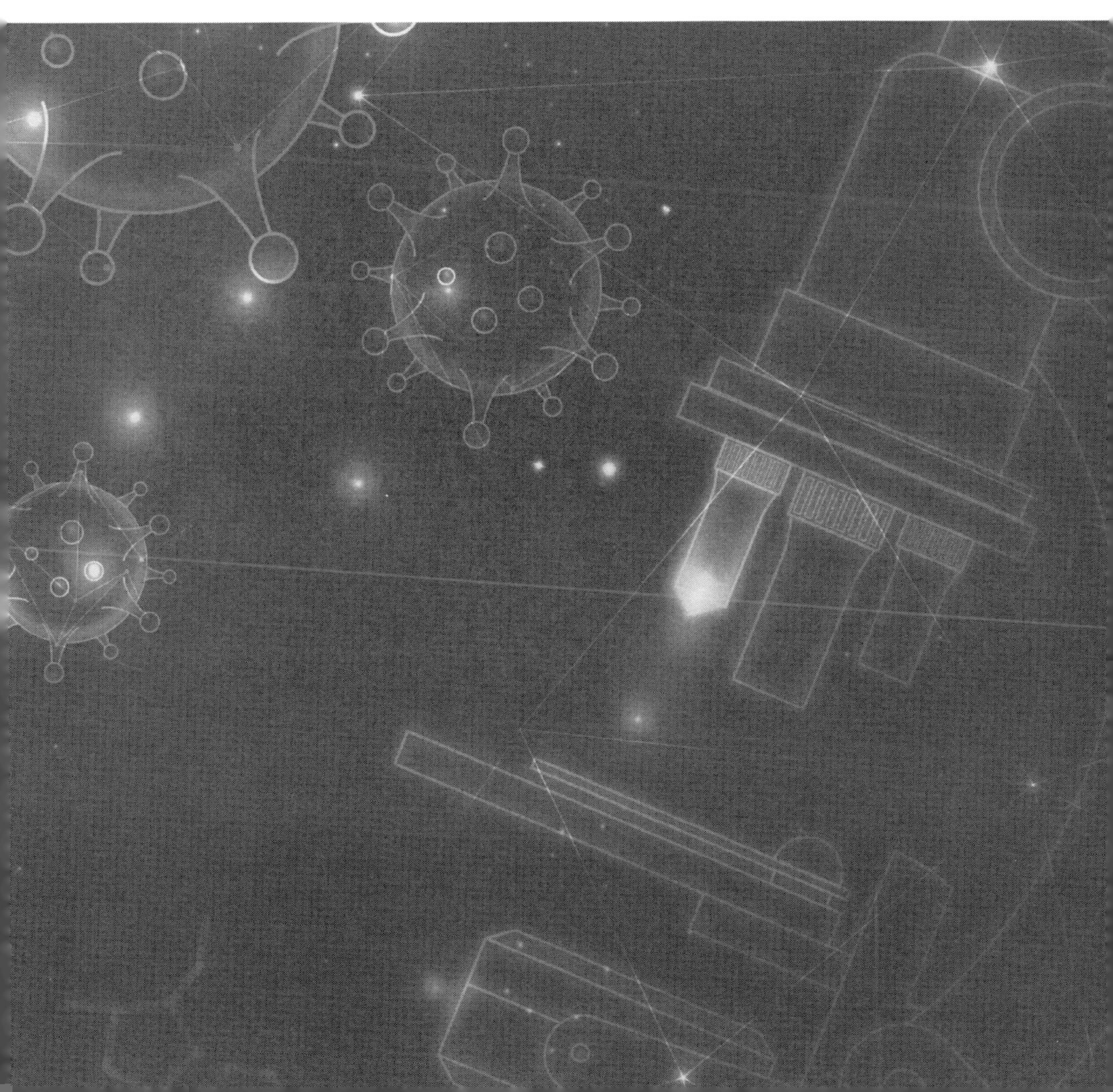

交通運輸的起源

與其他動物相比，人類在速度上明顯處於劣勢，在力量上同樣微不足道，且缺乏持久性。然而人類卻製造了工具，從而彌補了先天性的不足，並得以生存下來，成為地球的主宰者。

輪的起步

現今，所有車輛的輪子都是在滾動而非滑動，只要有可能，人們就會在需要搬動的物體下面安裝上可以滾動的類似於輪子的東西，如飛機起落架、旅行皮箱上都裝有輪子。這樣做可使搬動變輕快。

相對運動的物體間的摩擦力是壓力與摩擦係數的乘積。壓力通常與重量成正比，而想要省力搬動一定重量的重物，唯有減少摩擦係數。滾動摩擦係數比滑動摩擦係數小很多。如一個 100 公斤的物體放在粗糙水平面上，用水平力拉動需要用 40 公斤的力；同樣的重物，如在下面放上適當的輪子，在同樣的路面上拉，只要 5 ～ 8 公斤的力。通常來說，輪子越圓、越硬，地面越硬、越平，拉起來就越省力、越快。

生活在美索不達米亞平原底格里斯河流域和幼發拉底河流域之間的蘇美人，是最早發明車輪的人。西元前 2,000 年左右，中東地區出現了一種作戰用的輕快馬拉車，其車輪用木條彎成圓形，並用木條做成輻條，做成漂亮的輻式車輪，其樣式更接近現代車輪。

有了輪，同時也就有了原始粗糙的車。

舟的出現

人類的祖先注意到樹木能在水中浮起，甚至看到了小動物趴在樹上隨水漂流，於是發明了木筏。

後來，人們將樹木的中間掏空，待在原始的「船艙」裡，為減少水的阻力，又將其兩頭削尖，就成了現在我們看到的獨木舟。人們將它用作河流縱橫的沼澤地帶的交通工具。

如果木筏和獨木舟沒有動力驅動，那麼除了隨波逐流，它們就難以行動。最早可能是用木棍來划或撐，這木棍即是槳的前身。後來，人們用木棍撐起獸皮，讓風吹動獸皮推動木筏前進。這獸皮即是原始的帆。

帆的發明，是人們第一次主動利用人力與畜力之外的自然力 —— 風力。帆發明後，為增強風推動船隻前進的效果，人們對帆做了很大的改進，比如有了能調節面積的帆，而且常常是一條船上裝多張帆，大風用小帆、小風用大帆。如果調整船的方向使帆面與風向成適合的角度，船利用逆風也能前進。這時，船走的就不是直線，而是「之」字形路線。

畜力

在很早以前的北方，氣候寒冷，某些地區出現了狗拉雪橇的交通工具。直到現在，阿拉斯加在冬季還常舉辦狗拉雪橇比賽。馴鹿拉雪橇也是森林雪原上不錯的交通工具。

西元前 4,000 年，人類就開始豢養馬匹。一部分力氣大的馬被用來拉車運貨，一部分速度快的馬成為代步工具，速度快且在戰場上能保持鎮定的馬成為戰馬。

在古中國，還修建專門的官道和驛站，從京城通往全國各地，直至邊疆。驛站上常年備有良駒，有專人伺候，一旦有緊急公文，便用這些馬接力傳送。一戰時，騎兵因其速度快、能出奇制勝而頗受重視。幾乎與馬車同樣常見的牛車也一樣有悠久歷史。

陸地交通運輸

人類無法像魚類那樣生活在水中，也無法像鳥兒一樣在天空自由飛翔，必須腳踏實地生活在陸地上。儘管很早就有了木筏和獨木舟，但人類在改進交通工具上的努力最初主要還是針對陸上交通工具。

人力車

人力車不僅載重量比直接肩挑來得高，而且也省時很多，它是人類最早使用的車輛之一。一般的人力車或為兩、三輪，或為獨輪。

西元前 1,600 年，中國商朝已造出輻式車輪的兩輪輕便車。秦漢時稱人力兩輪車為「輦」，通常為王公貴族所乘。獨輪車通常用於道路狹窄到只容一輪通過的地方。這種車在山區尤為常見。

畜力車

人類馴服了動物後，當然更願意用畜力車。除了自行車，人力逐漸被畜力代替，更接著便被各種機械動力車輛取代。在沒有汽車的時代，牛車和馬車一直是主角，中國春秋時期還培育出比驢大、比馬強健的騾子。於是，除了牛車和馬車外，又有了騾車。

騾子力大，因此多用來拉貨，載貨的畜力車常見兩輪的和四輪的。由於所拉貨物的輕重不同，通常拉車的牲口數也不同。車上有平板的或鞍式貨廂的，用來裝貨、也可載人。

摩托車

摩托車有兩輪或三輪的，附帶拖斗的三輪摩托車通常用於軍隊的摩托車部隊。摩托車除了方便用於個人出門辦事，還可用於執行巡邏、通訊和客貨運輸等任務，還可以用於比賽和特技表演。

1884 年，英國人巴特勒（Edward Butler）製造出一輛三輪摩托車，它是世界上第一輛摩托車。1885 年，德國人戴姆勒（Gottlieb Daimler）製造用單缸風冷式汽油機驅動的三輪摩托車。在此基礎上，法國、比利時等國先後製成有實用價值的摩托車。從 19 世紀末以來，摩托車的結構和性能不斷在改進和提升。

早期汽車的出現和發展

汽車是指由本身裝備的動力裝置驅動、具有四輪或四輪以上、不靠軌道和架線在陸地上行駛的車輛。

自從瓦特發明蒸汽機後，蒸汽機就被廣泛用於各種需要動力的場合。西元 1769 年，法國陸軍軍官尼古拉（Nicolas-Joseph Cugnot）製造出了第一輛裝有動力的「車」——一輛長達 7 公尺的三輪車，由蒸汽機推動前輪前進。該車速度約 3.6 公里 / 小時，行駛不能超過 12 分鐘。儘管不算成功，但這次嘗試還是帶動一些國家開始生產蒸汽機汽車。

1790 年，巴黎出現蒸汽機公共汽車。19 世紀初期，英國的一些城鎮間已有行駛在固定路線上，時速為 20 公里左右，12 ～ 16 人座的蒸汽載客車。

不過，蒸汽機汽車又大又重，很容易破壞道路；而且還會產生濃煙、噪音，速度慢、不易操作等。雖然後來又出現了以石油代替煤的美國史坦利蒸汽汽車，但蒸汽汽車還是無法擺脫被淘汰的命運。

19 世紀，人們已製造出性能良好的蓄電池和直流電動機，有的實驗室甚至用幾十節電池串聯做大型電解實驗。這時，人們自然而然想到能用電來驅動車輛，於是就開發出了電動汽車。這種汽車比蒸汽汽車輕便，不用燒煤，而且幾乎沒噪音。

這種車一度流行，其中比利時賽車手傑納茲（Camille Jenatzy）製造的加米．康坦特號流線型電力汽車，在 1899 年 5 月創造出 105.9 公里 / 小時的驚人紀錄。它是當時速度最快（非長時間行駛的平均速度）的交通工具。

電力汽車雖不燒煤，但耗電很快，運行 80 公里就必須停下來充電，充電速度很慢，以致耽擱很多時間，於是也註定慢慢被淘汰。到 1920 年，在路上已經鮮少見到蒸汽汽車和電力汽車了。

現代汽車的發展

真正讓持續行駛時間迅速發展的，是以內燃機為動力的汽車。內燃機輕便有力，操作簡單，攜帶燃料的重量輕。

西元 1860 年，法國人雷諾（Étienne Lenoir）製造了第一臺內燃機，並在 1863 年把這種引擎裝到車上進行了實驗。1885 年，德國人戴姆勒（Gottlieb Daimler）獲得汽油引擎的專利權。第二年，他的同胞賓士（Karl Benz）（生產賓士車的公司的創始人）製造出第一輛以汽油引擎為動力的機動三輪車。同年，戴姆勒製成了時速 19 公里的四輪車，此後，汽車製造業開始突飛猛進的發展。

戴姆勒製造的第一輛汽車與現代汽車大致相同。1895 年，法國人米其林兄弟製造出充氣輪胎，使汽車的行駛性能和乘坐的舒適性大為提高。這時，汽車基本上已成為現代汽車。此後，汽車製造者們競相發展專門用途的汽車，同時提高汽車的行駛速度和安全性，並在汽車上裝上空調、音響等附屬設備，使乘坐汽車具有舒適感。

現在，世界上主要的汽車公司集中在美國、日本、德國、法國、英國等國家。1903 年，美國亨利．福特（Henry Ford）創立福特汽車公司。

1908 年起，福特主導生產著名的福特牌 T 型小轎車，首次採用大規模流水線生產，降低造價和售價，使汽車開始大眾化。

德國的福斯汽車股份公司生產的甲殼蟲轎車也是風靡世界，連續生產到 1970 年代才停產。1969 年，該公司開始生產奧迪轎車。

產品以優質豪華揚名於世的戴姆勒賓士股份公司，生產的梅賽德斯賓士系列車中的 230、250、280、300 等型號，都為亞洲車迷所熟悉；其超級豪華型的賓士 600 型車主要為各國政府高官及富商巨賈們服務。

日本的汽車產量、出口量均居世界第一，其中豐田汽車工業公司，也就是 TOYOTA，是日本最大的汽車製造廠，豐田生產的轎車主要有「LEXUS」、「Toyota Crown」、「Corolla」等。

英、法、義大利等歐洲國家都有其著名的汽車公司，生產世界級的名牌轎車。如法國雪鐵龍、雷諾、標緻；英國高品質、豪華型的勞斯萊斯，義大利的飛亞特，瑞典的 VOLVO 等都是享譽世界的名車。

汽車工業的競爭變得越來越激烈，各大公司紛紛將科學技術的最新成果用在汽車製造上，推陳出新。

小知識 — 公共汽車

公共汽車是有固定路線和停車站的大型汽車。西元 1827 年，法國巴黎一家澡堂的老闆用公共汽車接送顧客，最初的公共汽車就像一個長長的大箱子，是用馬拉著行走的。1831 年，英國人華特·漢考克（Walter Hancock）製造出了世界上第一輛裝有引擎的公共汽車。

這輛公共汽車以蒸汽機為動力裝置，可載客 10 人，當年被命名為「嬰兒號」，並在倫敦到斯特拉福之間試運行。不久，以汽油引擎為動力的公共汽車取代了蒸汽機公共汽車。

最早製造出汽油引擎公共汽車的是德國的賓士汽車，而長途公共汽車則出現於美國。1910 ～ 1925 年間，美國開闢了許多長途公共汽車路線，連接沒有鐵路的地區。早期的公共汽車通常可載客 20 多人，乘坐體感舒適。

汽車的結構

汽車的基本結構由車身、動力裝置和底盤三個部分組成。車身包括駕駛室和車廂；動力裝置是驅動汽車行駛的動力來源，現代汽車的動力裝置主要由汽油機和柴油機構成；底盤是車身和動力裝置的支座，同時是傳遞動力、驅動車身、保證汽車正常行駛的綜合性載體，由傳動系統、行駛系統和作業系統構成。

引擎是汽車的動力來源，是整個汽車構造中最複雜的部分，也是評價汽車優劣的主要依據。汽車的驅動動力即由引擎提供。現代汽車通常裝配四行程汽油引擎。這種引擎除本身機體外，還由兩個結構和五個系統組成。

- **四衝程汽油引擎**：曲柄搖桿機構和配氣機構。前者等同於人的手臂，能使氣缸中燃燒膨脹氣體的壓力透過活塞、搖桿、曲軸，使活塞上下的直線運動變成旋轉運動，將熱能轉換為機械能；後者的功能相當於人的呼吸器官，用以調節控制各個行程需要的燃氣和產生的廢氣進出。當氣門有節奏的配氣時，引擎工作循環才能正常進行。
- **供給系統**：燃料供給系統如同人的嘴、喉、腸、胃。汽油幫浦先把汽油從油箱中吸出過濾乾淨，再送入化油器中，與濾淨的空氣混合，再透過進氣管進入汽缸燃燒。化油器的功能是將油充分霧化、汽化，並與空氣均勻混合使之燃燒效率更高，就像人吃進食物要經過胃的消化才能吸收其營養，並使之轉化成熱能一樣。

- **點火系統**：點火系統的功能是產生高壓電火花，按工作順序點燃氣缸中壓縮後的混合氣。
- **冷卻系統**：汽車冷卻系統主要是從散熱器（水箱）中流進缸體中圍繞著氣缸的水道。水先流進缸體底部，吸收缸體的熱量後再上升至缸體上部，從散熱器頂部流回散熱器。一個小水泵使冷卻水保持一定的循環方向。汽車行駛時，風吹到散熱器上，使其中緩慢流過的熱水重新冷卻。

  汽車上還裝有冷卻風扇，由曲軸透過皮帶傳動，以增加風量，從而增加冷卻速度。有些引擎只有空氣冷卻沒有水冷卻，稱「風冷引擎」。
- **潤滑系統**：潤滑系統是依靠機油幫浦的壓力，將機油分流到各金屬零件結合處需要潤滑的地方，以減少金屬零件之間由於摩擦產生的熱量。傳動系統的作用，是將曲軸輸出的動力傳至後輪，是汽車發動系統中的重要機制。
- **煞車系統**：通常來說，汽車每一個車輪上都有個臉盆般的煞車鼓與車輪一起滾動。煞車鼓內壁的煞車蹄片，當司機踩下煞車踏板——「腳煞車」時，煞車油透過管路將壓力傳到煞車蹄片上。煞車蹄片在煞車油作用下張開，貼在煞車鼓內壁。蹄片與鼓產生摩擦，進而使車輛轉速下降或停止。

  汽車煞車的基本原理是增加行駛車輪的摩擦係數，達到制動的目的。從動力來源區分，可分為氣壓動力系統與液壓動力系統。

汽車的造型

隨著機械工業、冶金工業的發展，特別是沖壓技術、焊接技術的突破，更有空氣動力學理論的研究成果，汽車的造型脫離了「馬拉車」的原始狀態，車頭與車身趨向一體，車身材料也由金屬代替了木材；接著，又出現了工藝美術設計概念，出現了設計要在實用需求與精神需求相結合、體現使用者生活方式等概念，從而構成汽車造型藝術發展的基本規律，並由這些基本規律形成汽車造型藝術的發展歷程。

馬車型汽車

西元 1885 年，卡爾．賓士（Karl Benz）製造出世界上第一輛汽車 —— 三輪汽車。

該車前輪比後輪小，引擎位於後輪上方，其設計尚未擺脫馬拉車的基本形體，故稱「馬車型汽車」。

這也是最初類似馬車型的汽車，引擎的功率僅有 1 ～ 2 馬力，只容乘坐 2 ～ 3 人。汽車沒有門窗、車棚，造型沿用了馬車造型。

廂型汽車造型：馬車型汽車通常都是敞篷或活動式布篷，難以抵擋風雨侵襲。為改善乘坐條件，1915 年，福特公司生產出一種新型 T 型車。該車的車室方正，並裝有門、窗，所以稱之為「廂型汽車」。

廂型汽車確立了後來汽車的基本造型。早期的廂型汽車以福特新 T 型最為著名。

甲蟲型汽車

1934 年，美國的雷伊教授採用風洞和模型汽車測量了空氣阻力係數，不久，又有更多的航空流體力學學者從事於汽車車身空氣阻力的研究。後來，他們的研究成果被用在汽車設計和生產上，終於出現了甲蟲型汽車。

船型汽車

船型汽車是美國福特汽車在 1949 年推出的一種新型汽車，名為「福特 V8 型汽車」。該種車型設計首先將人體工程學應用於汽車設計，並應用了兩輪之間乘坐位置的顛簸最小，以及車室後部空間過大會影響駕駛員視野等理論。因此，將乘員艙置於前後輪之間，前面是引擎室，後面為行李艙，車型和船型相似，故稱為「船型汽車」。

魚型汽車

由船型汽車發展而成，基本上保留了船型汽車車室寬大、視野開闊、側面形狀阻力小、舒適性好、行李艙容量大等優點。同時，它又克服了船型汽車車尾過分向後伸出、形成階梯狀的背部，在高速時會產生較強空氣渦流的缺點，逐漸將後窗傾斜，傾斜極限為類似魚脊的快背式，故稱為「魚型汽車」。

魚型汽車背部與地面角度較小，尾部較長，圍繞車身的氣流較平順，渦流阻力較小。

最早問世的魚型汽車是美國通用公司的別克牌小客車。

楔型汽車

楔型汽車的散熱器罩被做成了橫寬型，上下很窄，引擎罩傾斜於前，行李艙高度增加，尾部是割尾的快背式或半背式，車底平坦，側面看，如同楔子一樣。

小知識 — 智能汽車

如果你不小心將自己鎖在了車外，汽車可以根據你的聲音傳遞資訊給車內電腦，車門就會自動打開。汽車不僅是交通工具，還會成為出色的管家、保姆、祕書，無論是訂餐還是訂票，都可以得到滿足。

這種最新潮的汽車內裝有聲音識別軟體，內置電話與客戶服務中心 24 小時保持聯繫，能對環境、主人的想法等做出反應，這類設備已經被裝備在通用汽車 54 種車型中的 36 種上，有 200 萬付費使用者。其他的汽車公司，如本田、豐田、寶馬在內，也不甘落後，都在積極開發具有類似功能的汽車。

智慧汽車是一種自動導航的無人駕駛汽車，車內安裝有導航顯示器，可以在駕駛員輸入目的地地名後顯示出行車路線。當遇到交通阻塞時，導航系統將引領駕駛員繞道而行，並能隨機應變，依據不同道路狀況和速度變換自動啟動、加速或煞車。

火車的出現

火車是人類歷史上最重要的機械交通工具，早期稱為蒸汽火車，也叫列車，有獨立的軌道行駛。鐵路列車依載荷物，可分為運貨的貨車和載客的客車；亦有兩者一起的客貨車。

西元 17 世紀，人們用木軌代替石軌，為彌補木軌容易磨損的缺陷，又發明了鐵軌。如果沒有鐵軌及後來出現的鋼軌，那麼沉重的蒸汽機車的行駛就會成為問題。

19 世紀初，蒸汽機與「軌道上的馬車」結合在一起。最早的蒸汽火車通常機身過大，推力太小，要爬陡坡時需要數臺機關車推動，因為這些機關車所用的蒸汽機是利用蒸汽冷凝後產生的真空來推動活塞的。

史蒂文生（Robert Stephenson）在 1814 年設計製造了實用蒸汽火車，之後幾經改進。到了 1825 年 9 月 27 日，史蒂文生成功駕駛載著 600 名乘客和大批貨物的動力號火車，初次行駛在全長 19 公里的軌道上。3 小時後，動力號順利到達目的地。這象徵著一個新時代開始的全新的交通工具誕生了。從此，陸地運輸進入以鐵路運輸為主的時代。

列車的飛速變化

蒸汽火車從歐洲傳入北美大陸，鐵路像蜘蛛網一樣布滿美洲大陸。有一種「美式火車」，在其前端裝有像推土機鏟子一樣的排障器，用以排除以往在美洲鐵路上常見的野牛之類的動物。

西元 20 世紀初，蒸汽火車逐漸完成其歷史使命，鐵路運輸進入電力機和內燃機的新時代。

1903 年，德國人用西門子公司和美國通用電氣公司聯合製造的三相交流電動機，在 23 公里長的電氣化鐵路上創造了時速 200 公里的紀錄。電力機車只需發電廠將約 30%的熱能轉化為電能，且電能傳輸只需沿鐵路架設導線即可。

電力火車的地上設施花費太高，如果某條鐵路線不夠繁忙，用電力火車便不夠划算。這正好可由內燃火車來彌補。1892 年，德國人狄塞爾（Rudolf Diesel）發明柴油機，1894 年，德國人造出世界上第一臺內燃機車。

柴油火車具有先天優勢，既節能又可將功率做到很大。攜帶柴油比攜帶同等重量的煤方便，且行駛距離要長很多。並且，燒柴油比燒煤乾淨。

磁浮列車

一種無輪的陸上無接觸式有軌交通工具，時速可達500公里。它利用常導或超導電磁鐵與感應磁場之間產生相互吸引或排斥力，使列車「懸浮」在軌道上或軌道下無摩擦運行，克服傳統列車車軌黏著限制、機械雜訊和磨損等問題，具有啟動、停車快和爬坡能力強等優點。

磁浮列車的工作原理是：在軌道兩側的線圈裡流動的交流電能將線圈變成電磁體，由於它與列車上的電磁體相互作用，促使列車開動。列車頭部的電磁體N極被安裝在靠前一點的軌道上的電磁體S極吸引，同時又被安裝在軌道上稍後一點的電磁體N極排斥。列車前進時，線圈裡流動的電流方向就反過來，也就是原來的S極變成N極，N極變成S極。如此循環交替，列車於是向前奔馳。

地鐵的出現

地鐵，通常指地下鐵路，亦簡稱為地下鐵。狹義上專指以地下運行為主的城市鐵路或捷運系統；但廣義上，由於許多此類系統為了配合修築環境，也會有地面化的路段存在，因此通常涵蓋都會地區各種地下與地上的高密度交通運輸系統。

世界上首條地下鐵路系統是在西元1863年開通的倫敦大都會鐵路(Metropolitan Railway)，是為了解決當時倫敦的交通堵塞問題而建。當時電力尚未普及，所以即使是地下鐵路也只能用蒸汽機車。由於釋放出的廢氣對人體有害，所以當時的隧道每隔一段距離要有和地面打通的通風槽。

到了1870年，倫敦開辦了第一條鑽挖式地鐵，在倫敦塔附近越過泰晤士河。但這條鐵路並不算成功，在數月後便關閉。現存最早的鑽挖式地下鐵路則在 1890 年開通，亦位於倫敦，連接市中心與南部地區。最初鐵路的建造者預計使用類似纜車的推動方法，但最後用了電力機車，使其成為第一條電動地下鐵。早期在倫敦市內開通的地下鐵亦於 1906 年全數電氣化。

1896 年，當時奧匈帝國的布達佩斯開通了歐洲大陸的第一條地鐵，共有 5 公里，11 站，至今仍在使用。

法國巴黎的巴黎地鐵在 1900 年開通，最初的法文名字「Chemin de Fer Métropolitain」（法文直譯意指「大都會鐵路」）是從「Metropolitan Railway」直接譯過去的，現在世上許多城市軌道系統因此也稱 metro。俄羅斯的地鐵亦順理成章，只是改用了西里爾字母，稱為 Метро。

最初的城市軌道系統車廂是木製的，後來改為鋼製，以減少火災造成的危險。自 1953 年開通的多倫多的地下鐵路，車廂開始再改良為鋁製，有效減少維修成本和重量。

很多地下鐵行走的隧道，都比在主要幹線上的為小，所以地下鐵的列車體積通常都比較小。有時，隧道甚至會影響列車的形狀設計，例如倫敦地鐵的部分列車便是如此。

大部分的城市軌道系統都是使用動力分散式，而不使用動力集中式。如果使用動力集中式，經常會用推拉運作。

另外，部分較為先進的系統率先導入列車自動作業系統。倫敦、巴黎、臺灣、新加坡和香港等地的車長都無需控制列車，更先進的軌道交通系統能夠做到無人操控。例如，世界上最長的自動化 LRT（light rapid transit system）系統——溫哥華 Skytrain，整個 LRT 所有的車站及列車均為「無人管理」。

小知識 —— 未來列車

自奧托·哈恩（Otto Hahn）發現核分裂，核能的利用已廣為人知。將原子能用於列車牽引，是科學家們對未來列車的設想。核能的利用，通常指利用重元素的分裂釋放出來的能量，常用的是重元素，如鈾 235 等。一克鈾 235 分裂釋放的能量，等同於 2.5 噸優質煤完全燃燒產生的能量。

原子能列車的動力部分除了原子反應堆外，還應有蒸汽鍋爐、汽輪機、發電機、配電設備和電動機，結構複雜，如同帶著一個小核電廠在運行。其原理就是將核分裂的熱能經蒸汽鍋爐、汽輪機、發電機變成電能供電動機來牽引列車。

水路運輸

水路運輸是以船舶為主要運輸工具、以港口或港站為運輸基地、以水域（海洋、河、湖等）為運輸活動範圍的一種客貨運輸。在蒸汽機發明及其用於交通動力前即已出現，是目前各主要運輸方式中興起最早、歷史最長的運輸方式。

帆船

人類要越江河、過湖海，促使人類發明了木筏、獨木舟等水上交通工具，並借助帆來利用風力資源。僅靠風驅動是不夠的，於是人們發明了槳。如果把帆、槳裝在獨木舟上，就成為最原始的帆船。早期的槳也具有帆的作用。這種原始的帆船很難經得起大風大浪。對靠海生活的人們來說，就需要造出更大、更結實的帆船。並且船上帆、槳、舵要完備，使用起來要安全有效。

蒸汽機輪船

西元 1802 年，英國人賽明頓（William Symington）製造出世界上第一艘蒸汽明輪船，其蒸汽機是瓦特式。

1803 年，美國人富爾頓（Robert Fulton）把鍋爐、蒸汽機和明輪裝在內河航行的船舶上。1807 年 8 月 17 日在哈德遜河上試航，時速 8 公里。富爾頓是第一個使輪船具備實用價值，用以運輸旅客和貨物的人。

早期的蒸汽明輪船蒸汽機動力往往只有輔助作用，是現代輪船的開始。

螺旋槳船

用螺旋槳推進的船，最初由瑞典工程師埃爾遜設計。到 1838 年，英國人史密斯（Francis Smith）把螺旋槳裝在船上。

由於螺旋槳推進器 CP 值高，結構簡單、堅固耐用，使用它可提高航速並節省燃料，而且就算在風浪中也能繼續發揮作用，所以一出現就迅速得到廣泛運用。在 1840 年代，機動船舶普遍採用螺旋槳作為推進器。

鐵製螺旋槳推進器、蒸汽輪機、鋼製船殼，這些新技術的出現使船舶發展進入了一個新的時代。內燃機及其他新動力裝置的出現打破蒸汽輪機獨領風騷的氣象，使船從一個時代進入另一個新時代。

現代船隻

燃油被用作船舶燃料後，現代船隻幾乎都以燃油來產生能量推動船舶前進。通常大型船隻上多以燃燒重油的渦輪機作為動力裝置，小型船隻幾乎都以柴油機為動力裝置。

世界上最早的原子能船，是前蘇聯的原子能破冰船「列寧」號。隨後，美國、前西德、日本等國也相繼建造了自己的原子能船。

輪船的速度提高較少，原因是人們主要追求船的大貨運量，同時，船在行進時遇到的阻力不同於陸地、天空的交通工具。

提高輪船速度，或盡可能減小興波阻力，即盡量減小船頭掀起的波浪。現在，人們通常會在船頭下部加置一個球狀物。這個球狀物如果加得適當，可使以同樣速度行駛的船的引擎功率節約 20%以上。提高輪船速度，或盡可能減少船的水下部分。這方面的嘗試導致了水翼船和氣墊船的誕生和發展。

駁船

一種自身沒有動力的船，叫駁船。要用拖船或頂推船來帶動，用拖船拖動的駁船在內河出現較多。由頂推船推動的頂推駁船的阻力較拖船帶動的要小，技術、經濟效果較好。

一艘頂推船可帶幾艘甚至幾十艘駁船，而且速度較快，運費比普通貨船便宜 30%～ 50%，因此也成為很多國家內河運輸的主力。這種船也可用於海上，但連接部分在海浪的衝擊下容易受損。1950 年代連接裝置得到改進，這種船變得更受歡迎。

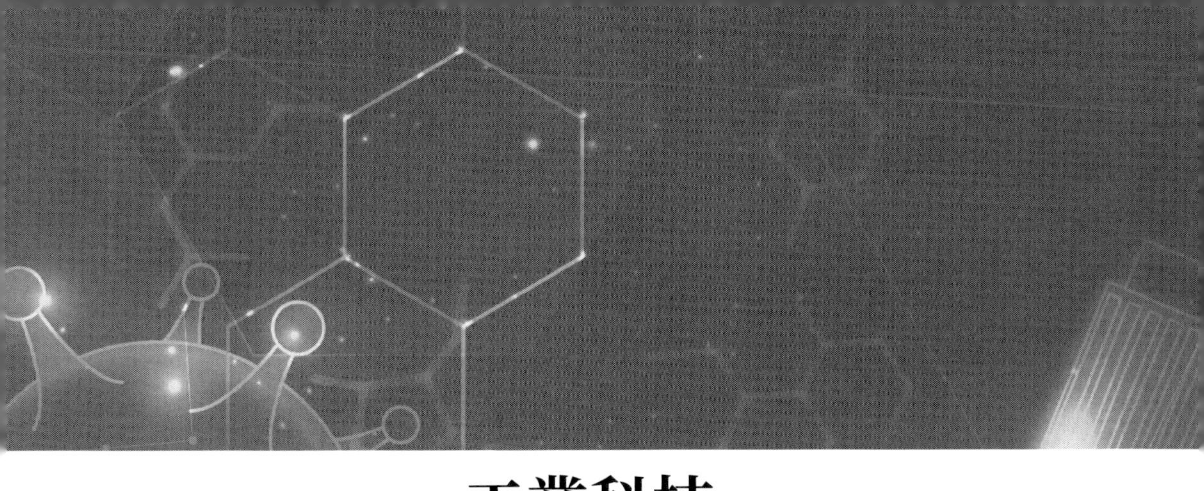

工業科技

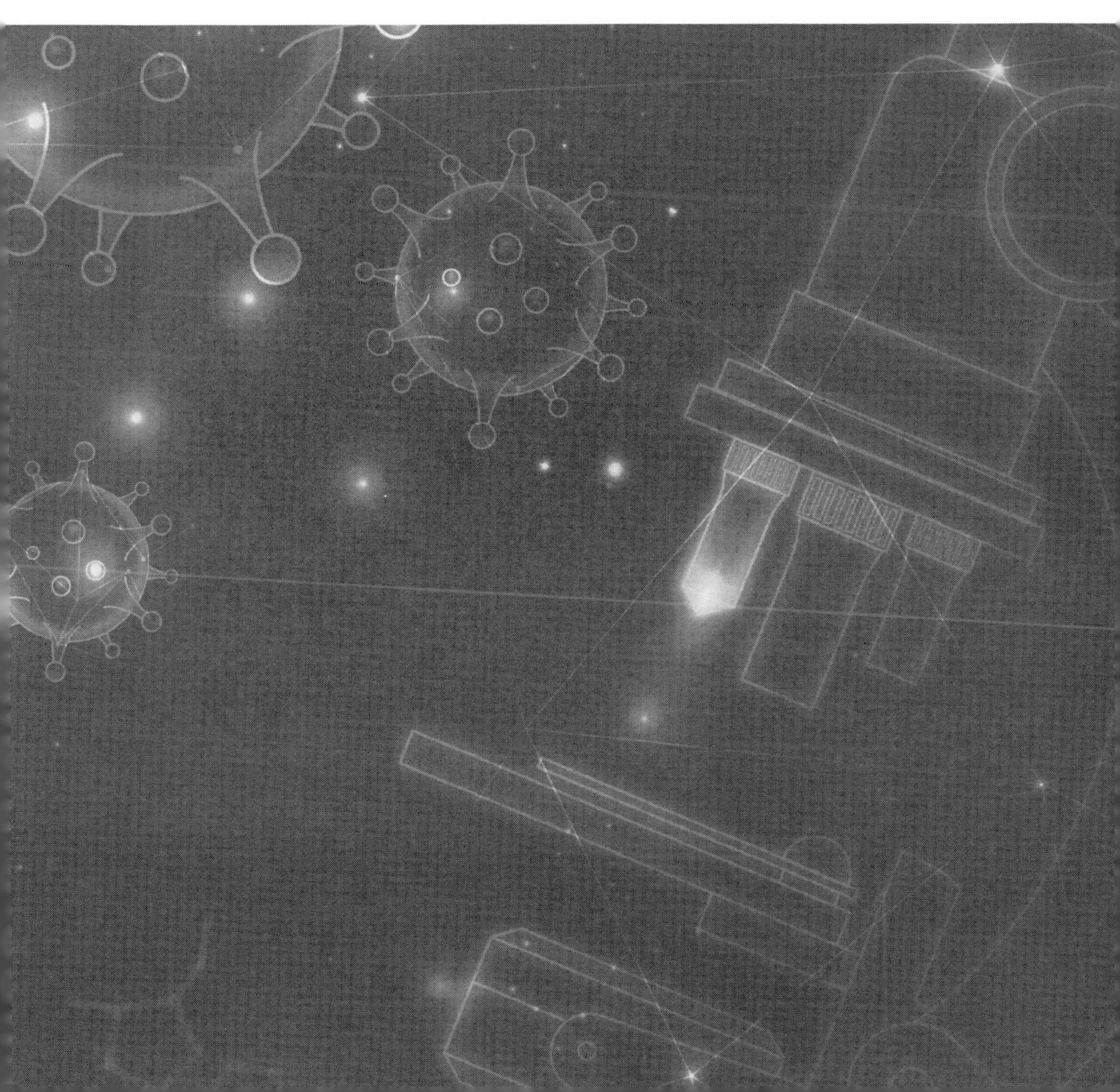

18 世紀的工業萌芽

人類的文明進程相當緩慢，到了近代兩、三百年才出現突破式進展。這種突破，是以幾百萬年的文明累積為基礎的。

西元 18 世紀，全球總人口約有 9 億，其中歐洲有 1.4 億，英國有 770 萬。那時候，英國各民族主要生活在農村，以農業為生。這種情況持續了很久，在歐洲很多地區一直持續到 20 世紀，在其他不發達的國家，現在仍如此。那時，100 人中有 90 多個人是靠農業生產或加工為生的。

18 世紀前，農村生產方式十分落後，農民用古老的木製工具精耕細作，鐵器使用得很少。在歐洲，人們還沒開始種植馬鈴薯，用犁耕種的土地也遠比今日少。那時，還有大批荒地、大沼澤、草原及森林，公共牧場還沒被分為一塊塊私人田地，鐵絲圍欄也還沒發明。

廣大農村人口幾乎都是文盲，高等教育只是少數階層的特權。商人、士兵、船夫、車夫、街坊中的工藝匠人和學生，在人口中只占極少部分，而廣大農民及城市人口長期停滯，少有機會外出，局限於他們祖先的傳統生活方式。

小城鎮不少，但中等以上城市只有星星點點的幾座。如同農民一樣，手工業者和商人的個人家計和營生不分開，兩者合二為一。

家庭工業及傳統手工業

在世界各地的農村中，農業和手工業的結合已成為傳統。

在山谷裡，尤其在土地貧瘠的地區，農業收入只能勉強糊口，農民必須以副業謀生計。這樣，就出現了一些家庭工業，如毛、麻、棉、絲的紡織，還有榨油、製豆腐，竹編、柳編等。在某些地區，家庭工業飛快發展，尤其在歐洲，形成了一些分散小企業。生產出來的貨物透過兜售商聯繫上較大的銷售商人，這些訂貨商有的已能夠提供原料，取走成品，自負盈虧，在歐洲甚至出境銷售。後來，不少訂貨商成為歐洲紡織廠廠主，成為第一代的企業家。

除紡織業生產外，其他分散的傳統家庭工業，如各國的黑森林地區以及瑞士的鐘錶、木器、玻璃器皿、玩具、裝飾器及其他物品的製造業等，整體製作過程都在小型家庭企業的範圍內進行。

手工業在西方幾乎所有國家的大部分城市中經過好幾個世紀，組成了行會或同業公會。嚴格對外封閉的行會大多享有古老特權，拒不接納外人。行會嚴格規定的古老習慣一度帶給手工業名望和力量，但後來卻成了僵化的禮法。

當時，天然能源除了人力外，只有畜力，用以牽引車輛或拉馱、負重、騎乘。此外，還有風力和水力。水力是一項重要的能源。水轉動河邊的水輪，作為糧坊、鞣革坊、鍛冶坊、磨坊、鋸坊及紙坊等以手工業為基礎的企業動力。

燃料只有森林裡的木材，且日漸稀少。在大沼澤周圍，有時會找到泥煤，用以生火。地下不深的地方的煤炭，會偶爾被挖出來做燃料。遠距離的車輛運輸是用人力或牲畜進行的，由於運輸成本高，難以維持。在偏遠地區，冶煉作坊和鍛鐵爐都是最小型的冶煉企業，木炭主要由林區的燒炭工人供給。

製造業階段

在工業化前的時代，人們從用自己的工具在自己屋裡勞動，發展到後來，工廠體制的一個重要階段是製造業。在製造業中，小企業第一次組成大企業，並被統一管理。

製造業起初是分散的，工人們主要是手工操作，或用最簡單的輔助工具操作。當很多同行業作坊被合併成一個大企業，這樣做可能是為了更方便監督，節省運輸費用；同時，也可能是為了加強分工，使部分工作分為不同的簡單單項操作，從而獲得較高的產量。

決定這種製造業的新經營形式的，是在管理和經商方面出現的一批人員。透過經商，他們累積了較多的資本，在事先獲得特權和壟斷後，開始追求最大利潤的生產。

在君主專制及重商主義政策的時代，國家獎勵企業以推動製造業發展。在法國，誕生了維繫國家財產的經濟企業，如巴黎的地毯和壁毯針織廠，布列斯特和羅什福爾的軍艦廠。在英國和荷蘭，製造業大部分源自市民。還有介於農村家庭加工業和製造業之間，很多農村中的家庭負責加工業中的最後工序，如漂白、漿洗和染色，及進行最後的整理加工等。

工業革命前的準備

在西元 16 世紀和 17 世紀上半葉，幾乎所有學科都發生了重大變革，尤其是天文學和力學的偉大成就，為新的自然科學打下了堅固的基礎。所有科學上的突破，很快和技術發明融合在一起，成為第一次工業革命的序曲。

培根《新工具論》

在漫長的人類歷史中，科學與技術之間一直存著鴻溝。這種分裂是伴隨體力與腦力勞動的分工形成的。

1620 年，英國的培根（Francis Bacon）發表了《新工具論》，完整制定了歸納法。他指出，在認知過程中必須從因果關係、從分析個別事物和觀察出發，任何可靠的理論都必須用大量的事實作根據。培根的《新工具論》也成為當時的經典著作。

在培根思想的影響下，17 世紀上半葉，工匠傳統與學者傳統在英國逐漸結合。這種結合在 1660 年達到了高鋒。

這時，英國科學家研究的範圍擴大了，他們廣泛應用歐洲大陸上發展起來的科學理論，無數的技術發明相繼出現，科學已日益進入生產領域。

資本主義的原始累積：資本主義制度的確立，是工業興起的首要社會條件。資本主義生產方式隨其原始累積而發展。資本主義的原始累積不僅為資本主義發展提供了充足的勞動力和廣闊的國內、外市場，還直接提供了雄厚的資金，從而加速了大型工業在歐洲的出現。

15 世紀末到 16 世紀的地理大發現，打開了西方的眼界，擴大了它的市場，從此也開始了近代史上的殖民征服。殖民主義者透過各種方式掠奪海外，使大量財富流入歐洲。在 16 世紀的近百年內，歐洲的黃金量由 550 噸猛增到 1,192 噸，白銀從 7,000 噸增加到 21,400 噸。巨大的財富為資本主義生產方式的確立和工業興起提供了雄厚的資金。

圈地運動

資本主義的工業生產不僅需要大量的貨幣累積，還需要充足的勞動力資源，更進一步說，這些勞動力還必須是脫離了封建關係的羈絆，有人身自由但同時又無任何生產資源的人。資本原始累積的過程，也是這樣一批勞動者出現的過程，其中最有代表性的是英國的圈地運動。

圈地運動在英國持續了幾個世紀。1700 ～ 1760 年間，國會通過了 208 項圈地法令，圈占土地 31 萬英畝。

被一下子拋出正常生活軌道的人無法立即適應新環境，社會上充滿了乞丐和流浪者。英國資產階級立法將這些無家可歸的勞動者趕到現代工廠裡，強迫他們習慣工廠制定的生產紀律。這樣，近代工人階級便誕生了。

國內和國外市場

圈地運動不僅為工業資本製造了大批雇傭勞動者，同時還開發了資本的國內市場。封建小農由於喪失了一切生產資源，只能透過市場購買。過去勞動者在家庭中生產紗、麻布、粗毛織品等，現在，這些東西成為工廠手工業的產品，成為商品。國內市場逐漸被擴大。

地理大發現最直接的成果，就是大西洋航線的開闢。這條航線引發了一場重大的商業變革，使商業具備了新規模、新產品、新習慣，並帶來了巨額的商業利潤，帶動了金融業的發展。東西方貿易主要是歐洲資本以其等價交換的方式開始在貿易中占上風，工業興起的條件也更趨於成熟。

小知識 — 工廠手工業的興起

工業生產的組織形式隨著生產力的發展而發展，在數百年的發展中幾易其貌。生產組織這種帶有變革性的發展，是機械化工業興起前在制度上的準備。

在這個準備過程中，工廠手工業出現是最重要的階段。它將許多從事不同工作的工匠集中到一個工廠中，擴大了生產規模。產品的整個生產過程被分解成一系列步驟，這些步驟由不同的人分擔，每個工人只從事生產過程中特定簡單的工作。這種分工有利於工人提高技藝，同時，它也使工人成為附屬於手工工廠的零件，但勞動生產率卻得到了極大的提升。

由於細緻的分工，每個工人只能操作 1 ～ 2 件工具，這也使工人有更多的精力改進工具，從而發明了大量專門的鑿具、錘具等工具。

第一次工業革命

第一次產業大革命使英、法兩國最先脫離農業社會，他們憑藉廉價的紡織品縱橫世界。在這期間，英國被譽為「世界工廠」。第一次產業變革開創了機械化工業，使工廠手工業成為遙遠的過去。在第一次產業變革的進程中，資本取得統治地位。第一次產業革命，也改變了農業社會的傳統，建立了嶄新的工廠制度。

17 世紀末，英國許多壟斷的行業條文被廢除，同時，私人財產得到了保障，英國最先發展成為一個現代國家。這也為出現工業企業及後來的工業化發展提供了一個最重要的前提。

哥倫布發現新大陸後，世界貿易航道的重點移向大西洋，英國在地理上處於相對有利的位置，商業公司經營的殖民地貿易帶給英國鉅額的利潤。英國在其艦隊的保護下壟斷殖民地商業。隨著商業的繁榮，商人及從事加工業的人不斷增加，其影響力也越來越大，日益增加的財富在社會上同樣具有重要作用。

隨著 18 世紀英國傳統農業社會的解體，以及由此出現的大規模人口遷移，社會也開始現代化和城市化。而英國在撤除貿易關卡後，提供的市場使全國自由經濟活動更加蓬勃，從事貿易的商人逐漸成為商人貴族。他們的創新精神，在 18 世紀初期不斷帶給製造業新的激勵。

從 16 世紀起，工廠手工業在其發展過程中培訓出大量技術熟練的工人，如織工、紡工、整梳工、修剪工等。另外，還有某些特殊因素，如 16 世紀荷蘭的政治動亂，法國胡格諾戰爭，對新教的迫害，使這些國家的手工業工人和富商大批移居英國。這也進一步壯大了英國工業革命的勞動力基礎。

由於經營方式的改良，農業取得較高收成，地主和佃農都累積了資本。18 世紀中葉後，幾乎所有城市都建有銀行。英國在更早之前已降低利率，為製造業的創建和擴充提供了低息貸款，英國工業化的前提和條件比任何國家都優秀，工業生產的時機已成熟。

紡織業的飛速發展

英國的工業革命首先從紡織業開始。幾世紀以來，英國一直以其毛織品聞名於世。除棉麻加工外，羊毛紡織品的生產也非常繁榮，加工企業都位於河畔。羊毛和毛絨的洗滌及原料的進一步處理，完全依賴水車的驅動。

當時，純棉紡織品只有印度人知道如何生產。印度純棉織品被商業公司收購後，運到英國。英國的羊毛製造商將這種海外競爭看做是對其生存的威脅，並設法在西元 1700 年禁止印度棉織品輸入英國。後來，英國人把發明合適的加工機器作為超越印度的目標。

紡紗織布近幾世紀以來在技術上幾乎沒什麼改進。中古以來就有的腳踏紗車及手織布機，仍是生產紡織品的傳統工具。

飛梭

1733 年，鐘錶匠約翰·凱首次發明提高手工織布生產能力的方法。他發明了飛梭，即用手拋擲的織梭可自動來回工作。

該裝置使織布速度提高一倍，織出的布匹寬度比紡織工人伸開的手臂還寬。在飛梭發明前，紡織工人得用一隻手投擲織梭，用另一隻手將它接住。

紡織工人最初並不對此感到歡喜，擔心因此會有一半紡織工人失業挨餓。但不斷成長的需求很快就證明，他們的顧慮是多餘的。幾十年後，約翰·凱的兒子羅伯特·凱發明了不同顏色緯線的自動換線箱，用以生產不同顏色的布。

珍妮紡紗機

飛梭發明後，一個紡織工人所需的紗需有十幾個紡紗工人全力工作才能供應，從而引起紡紗工人的生產能力與紡織工人對紗日益成長的需求間的矛盾。唯有透過改進紡紗工序才能解決，於是人們進行許多實驗嘗試提高紡紗工人的生產能力。

1764 年，詹姆斯·哈格里沃斯（James Hargreaves）設計了第一臺可用的紡紗機 —— 珍妮紡紗機。它有 8 個錠子，能同時紡 6 根棉線、亞麻線或黃麻線，僅需一人看顧。機器固然還得用手工操作，只能紡紗，能生產一種容易使用的緯線。

機架

1769 年，理查·阿克賴特（Richard Arkwright）製造出一種新紡紗機「機架」，用水車驅動，在 1771 年面世，並成批製造。這種機器透過一根紗軸和滾筒，把紗精紡，大為改進了繞線工作。由於紗線具有較強拉力，故適合織成線帶。從此，英國也能生產純棉織物了。

紡織機的發展

西元 1780 年代初，紡織機結構已達到成熟階段。不久，一些企業用蒸汽機替代了水車。1792 年，一臺精紡機比一臺腳踏紡車的產量高出 30 倍以上。幾年後，手工作坊都使用這些新機器，手工作坊變成了工廠。

1783 年，又有了棉花印花機。印花棉布、薄的印花布、斜紋細布、白胚棉布等，都成為重要的出口商品。

1785 年，動力織布機將分散在小作坊中的手工紡織工人排擠掉，在英國，這為男工創造了大範圍的就業機會。

1806 年，曼徹斯特建立了第一家大型織布廠，機械織布機由蒸汽機驅動。到了 1818 年，已有 15 家機械織布廠。1833 年，英國紡織廠有 8.5 萬臺機械織布機。而同時，在農村及小城鎮，有幾十萬手工織布工人為了糊口，靠勞動得來的薪水謀生。不久，機械織布機占領了毛織業。

在 1790 年代，棉紗生產集中在一些迅速湧現的工廠裡，首先是在蘭開夏郡、諾丁漢郡，特別是在海港利物浦的後方地帶及在曼徹斯特附近、蘇格蘭西部地區和港口格拉斯哥附近。這些地區因而成為世界上最古老的工業區，棉紡業也成了最早的工廠產業。

礦業和冶金業的變革

英國傳統的小型煉鐵業，都以原始方法用簡陋的「高爐」冶煉礦砂。西元 18 世紀初，它已無法滿足對生鐵日益成長的需求。

1753 年，人們在一座抽去空氣的炭窯或圓爐中將煙煤加熱、烘烤，最後使之可用於高爐，發明了燒製焦碳的過程，木材在冶煉廠被焦碳所代替。由於煤供應充足，為生鐵的產量提升創造了前提。放棄木炭方法後，原本設在林木茂盛的地區的煉鐵廠遷移到礦區，礦區逐步發展為工業區。

煤、鐵的結合成為開創工業化道路的支柱之一，礦業是第一批較大的企業部門之一。對煤日益成長的需求，也促使商人投資購買新的礦山設備，並獲得相應利潤。那些勘察出其領地有煤礦的大地主，由於個人無法籌足開礦所需資金，因此資本公司逐步建立。如英國東印度商業公司，這些股份公司將新礦山企業的管理權交給一個由股東選出的委員會，由他們監督礦山的開採及經營。

蒸汽機在礦山及煉鋼廠的首次使用是鋼鐵工業的一個發展。煤和礦砂產量能夠持續上升，對鋼鐵工業的發展有著決定性作用。

煤炭工業作為工業原料及不可缺少的新興能源，日趨重要，礦工的人數及煤的採用量年年上升，大大促進了煤炭工業化。

與煤的開採相呼應，鐵廠的產量也在成長。蒸汽機製造廠、紡織機械廠、煉鐵廠及其他生產部門相繼出現，它們都需要用鐵。冶金廠於是成為一個大型行業。

從 1776 年起，蒸汽機首次用於冶金廠。由於煤炭被任意使用，高爐的容量也隨之增大，生鐵產量也隨之提高。在爐內，用蒸汽機鼓風比過去用水車驅動可以獲得更高的溫度，也能更快更好的煉出鐵。幾年後，英國已開始出口鋼材製品。

從 1782 年起，軋鋼技術成熟，它在幾十年內對生產鋼板、型鋼以及鋼軌（後者自 1820 年起）都具有重要意義。軋鋼機、鍛壓面及拉絲機取代了古老的手工操作。

從 1803 年起，礦山首次將蒸汽機用於運輸。在英國，鋼鐵開闢了新的使用範圍。除製造機器，生產軍火和工具、耕犁以及其他農業器具、製造鍋爐和容器外，建築業中的鐵橋和其他鋼鐵結構也日趨重要。1755 年，第一座鐵製拱橋建立。1787 年，出現了第一艘鐵船，這也象徵著造船業新時代即將來臨。

機械製造業

由於機械紡織機以及蒸汽機的發明，西元 18 世紀末人類對機器的需求量迅速增加。在英國中部地區，由於有煤及鐵廠、煉焦及軋鋼廠做基礎，工廠四處出現，向工業提供機器。

一些紡織企業也因此放棄了本行，轉行做鑄造和機器製造。這樣，第一批紡織機械廠陸續出現。

1775 年，約翰·威爾金森（John Wilkinson）為蒸汽機製造了第一臺汽缸鑽孔機，從而開始了機器製造業的一系列發明和發展。這時，用木材製作的機器零件被鑄鐵替代。

1787 年，機器和車軸滑動軸承獲得了專利。10 年後，螺絲車床出現了。這種車床裝有固定導軌，切削工具裝有機械傳動裝置，以對夾緊的工件進行加工，其基本原理已與現在的車床結構相同。這種新式車床的出現，使生產任何數量、形狀、完全相同的機器零件成為可能。

1831 年，出現了一種車削螺絲的三板牙架。之後，這種板牙架發展成螺絲車床，這是工業進一步發展的必要前提。1830 年，蒸汽錘被製造出來，快速刨床在機械製造業和木材加工業中被迅速應用。

英國的機械製造業，尤其是工具機械製造業日益專業化，並逐漸繁榮起來，用機器生產機器的生產工序日趨細緻、精確，系統研究、科學鑽研也達到了前所未有的精密和積極。英國一些機械製造工廠內培訓出來的設計人員，已能將工藝技能和精密科學相互結合。機械製造業從一開始就貢獻突出，直到 20 世紀前都在各個領域有著關鍵作用。

在工廠中，體力勞動分工越來越細，機械代替了笨重的體力勞動。隨著機器被應用，新的行業也不斷湧現，用機械製造方式進行生產，除了製造生產用工具外，還逐步製造消費品，該過程一直延續到現在。

現代工業的誕生

歷史上第二次工業革命，是從鋼鐵及鋼鐵製造業的變革開始，以電力的應用為標誌，以產業結構的巨大變化為告終。期間，不僅傳統的鋼鐵工業、機器製造業發生了根本性的變化，還興起了電氣、化工、汽車、石油等一系列生產部門。第二次產業革命則打破了傳統的工廠制度，奠定了現代工業生產制度。

生產的發展一方面創造出日益豐富的產品，另一方面也創造出新的社會需求，要求有新產品、新機器、新部門、新生產技術。

第二次產業革命在 20 世紀初從美、德兩國開始，他們以新興的鋼鐵、石油、電氣、化工、航空等工業震撼了世界。美、德兩國的工業變革將英、法兩國遠遠拋在後面。

第二次產業革命是在機械化工業內部進行的。這種工業內部部門間的興衰對社會結構的衝擊是漸進式的，並未使生產方式發生根本性變化，但這個漸進的衝擊足以使資本主義社會從自由競爭階段過度到壟斷階段。

第二次革命中興起的許多產業部門根源於第一次革命，它們在第一次革命中只是剛剛萌芽。如鋼鐵、煤炭、機械加工等行業，尚未完全擺脫原始生產狀態，在第二次革命中，這些老行業的新發展導致了石油、電氣、化工、汽車、航空等新部門的出現，從而使整個工業的面貌煥然一新。

電氣化時代

電的應用，使工業和社會進入了一個新的時期，也將近代工業與現代工業劃分開來。

西元 1890 年，美國在科羅拉多建立了第一座水力發電廠，用水路或鐵路供應煤炭的熱電廠主要供應較大城市的市政建設用電。而由水電廠供電的區域在枯水季節也能獲得電能，這樣，就出現了將所有電廠連接在一起的電力網。一個電廠偶然停電時，也能繼續向使用者供電，跨越區域供電在很大程度上得到保證。連接的電網已跨越國境，國際間的電力補償使各個電廠能最大限度使用設備。

由於電能較容易輸送，因此很多加工工業可在大工業集中的同時，建立在離煤源、水源較遠的地方。

電力工業不僅有利於工業，也有利於商業及手工業。使用電動工具和電動機械，可在小單位和極小的單位中使工作簡化，並便於機械化。

電動機不僅是工業部門的動力機械，也是運輸事業新的里程碑。1880 年，出現了第一架電動吊車，1887 年首次出現電動礦用機車。1899 年，倫敦的第一條電動地下鐵道交付使用。1908 年，在礦井中使用第一臺電動運輸機。1912 年，瑞士第一條電力牽引火車開始行駛。一些西歐鐵路的電氣化工程，也已幾乎完全替代蒸汽火車。在紡織工業部門，電力紡織機已全部取代蒸汽機。1883 年，第一座電廠在柏林出現。

石油工業

西元 19 世紀中葉，當時燈用燃料主要是菜油和鯨油。在美國、俄國和羅馬尼亞，也在小範圍內使用石油的產品，但由於石油要注入油池，以原始的方式提煉，所以產量非常有限。

1850 年代，北美掀起勘探較大石油油田的熱潮，尤其在有油從地下冒出來的地方。剛開始，石油是裝在橡木桶裡用馬車裝運的。1863 年，在油田建設了第一條鐵路線，石油開始裝在貨車上。1871 年，開始使用油槽車皮運送石油。

剛開始時，石油僅作潤滑油脂使用，偶爾用作燈油。一個新的工業開始形成後，石油貿易便成為一項賺錢的買賣了。

1862 年，美國的洛克菲勒（John Davison Rockefeller）與人合夥在俄亥俄州的克利夫蘭建了一座煉油廠，幾經兼併發展，到 1882 年，它已經發展成為一個巨大的壟斷企業。

1897～1906 年，諾貝爾兄弟倆在俄國鋪設了世界上第一條輸油管道，900 公里長的油管至今還連繫著裏海旁的巴庫與黑海旁的海港城市巴統。

漸漸的，歐洲國家也開始著眼於油輪。目前，油輪運輸已占世界運輸業相當大的比重。對油輪、對整個航運及內河船運來說，作為動力能源，石油具有決定性作用。

1913 年，美國根據威廉·伯頓（William Merriam Burton）提出的石油裂解理論，將每噸石油提煉成汽油的產量增加了超過一倍。第一次世界大戰後，汽車和航空事業的迅速發展又向石油提出了新的任務。從此，石油工業開始飛速發展。

化學工業的崛起

化學工業是由實驗室的科學實驗發展起來的。西元 19 世紀，化學工程利用機械工程的進步，利用冶金工業、機械、製造業和陶瓷玻璃工業的產品後，進而發展起來。化學工業是科學研究成果和整個工業化過程中各種工業技術進步的成果相互結合的產物。

化工廠

18 世紀末，紡織工業需要大量漂白、洗滌以及染色材料，首批化工廠只是紡織工業的輔助行業。紡織工業需要稀酸加工紡織纖維，不久，稀酸在冶金工業用作礦砂的分離劑，之後又用於炸藥工業和肥料工業。當時，硫酸還是生產純鹼的初級產物，純鹼與硫酸是工業化學品中最重要的產品，對織物的漂、染、印不可或缺。

1791 年，法蘭西建立第一家製鹼工廠。法國雖是第一個發展化學工業的國家，但除了硫酸和製鹼廠外，還沒有其他化學分支行業。

德國化學工業先驅者李比希（Justus Freiherr von Liebig, 1803～1873 年）指出，植物生長要從地下吸取化學成分，而這種成分會慢慢枯竭。除了施廄肥外，向土地適當施加礦物肥料也會提高產量。英國從 1842 年起開始生產化肥。同時期，德國也興建了製造磷酸鹽化肥的首批工廠。

化學工業由於有效結合新的發現與經驗，因此逐步從紡織工業的附屬輔助工業發展成為新的規模很大的工業部門，進而促進技術與工業的進步。

染料

焦油染料工業始於英國化學家珀金（W. H. Perkin, 1837～1907 年）的一項發明。1856 年，他首次合成生產出一種苯胺染料。此前，染料多半從植物或動物中提煉生產。

染料的使用範圍不只是紡織品，皮革、油漆、毛皮、造紙、印刷、粉刷以及貼面裝飾都使用染料。

19 世紀中葉，德國的焦油染料工業起步，有一些企業一開始時規模很小，但後來則居於主宰地位。這些工廠度過了開始階段的困難，在德意志帝國建立後發展成有影響的企業，這時期已成為德國最大的企業之一。

19 世紀下半葉到一戰爆發前，德國的焦油染料工業空前繁榮。1877 年，德國占世界合成染料的產量的一半。1904 年，德國染料工業的利益集團建立。

一戰期間，美國建立了大規模的炸藥工業，戰後，這些工廠轉而生產染料。1914 年前，美國的染料由德國供給。美國化學染料公司發展起來，後與世界最大企業杜邦化學合併。

英國在一戰後創立了帝國化學工業公司，它將最大的英國化工廠組在一起，形成了一個龐大的相關利益共同體。

藥業

在焦油染料工廠建廠初期，工廠除了生產硫酸和蘇打外，還經常生產其他品種的化學產品。除了生產大量的染料和肥料，還生產中間化學產品和製劑。除大企業外，各國還有數目不小的中小企業，主要對中間產品繼續進行化學加工。

製藥業主要是由這些藥廠或藥房發展而成。在德國 20 世紀下半葉，製藥業日益昌盛，在名醫和藥物學家的緊密合作下生產藥物和疫苗。如赫斯特染料廠從 1833 年起，開始從事藥物研究，大量生產合成藥劑。其產品品項日益擴大，如胺基吡啉、結核菌素、奴佛卡因、胰島素等。

第三次技術革命

西元 19 世紀末以來，自然科學迅速發展，尤其是物理學的革命，為第三次技術革命開闢了道路。

相對論和量子力學的提出，使人們對物質世界的認知擴展到高速和微觀領域，並有力促進其他基礎科學和技術科學的進一步發展，為新技術領域的開闢提供了理論基礎。

透過核子物理的研究，核爆得以實現，核反應爐得以建成，使原子能的開發和應用成為現實；透過探索分子、原子和固體中電子的運動規律，研究不同波段的電磁輻射的特殊變化，有力推動了電子技術的發展；在機械、電磁等電子工具的技術基礎上，吸取了數理邏輯和電子學成果，誕生了電腦；航天技術幾乎集中和實現了現代科學技術的所有重要成就。

工業科技

現代科學技術的一個特點，就是從個體勞動轉變為有組織的社會化集體勞動，其研究規模巨大、探索領域之深廣，遠超以往。

第三次技術革命以原子能、電腦、航空技術為主要標誌，包含豐富的內容，廣泛反映在能源、材料、控制、資訊、工藝等各個方面。

通訊傳播

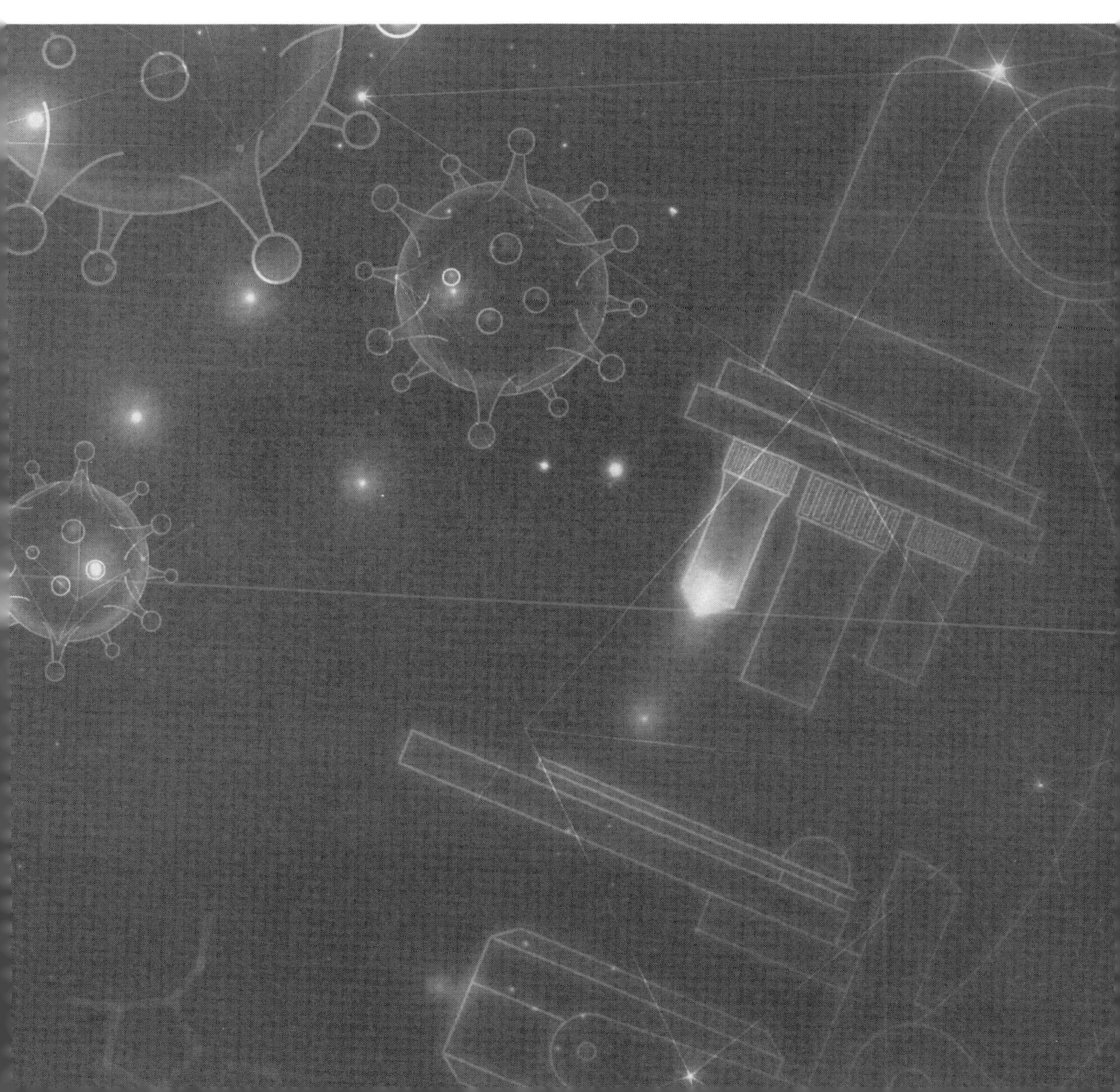

古代通訊

通訊是人們進行社會交往的重要手段，歷史悠久。人類先祖在開始發明文字和使用交通工具之前，就已能夠互相通訊。當時人們通訊，很可能是採取以物示意的通訊方法。

郵驛

中國古代，稱騎馬送信為郵驛。據甲骨文記載，商朝時就已有郵驛，周朝時進一步發展。那時的郵驛，在送信的大道上每隔 17 公里設有一個驛站，驛站中備有馬匹，在送信過程中可在站裡換馬換人，使官府的公文、信件能一站接一站，不停傳下去。

郵驛制度經歷了春秋、漢、唐、宋、元的各個朝代的發展，一直到清朝中葉才逐漸衰落，被現代郵政所取代。

西元 14 世紀時，中亞地區的帖木兒帝國制訂了嚴格的郵驛制度，規定驛使每天必須走 250 公里的路程，而且還賜予驛使特權，即行途中需換馬時，不管是皇親國戚、尋常百姓，只要驛使提出換馬要求，都必須將自己的馬和驛使交換。如果拒絕，就是死罪。

郵驛是官府的通訊組織，只傳送官府的文件。

民信局

中國明永樂年間，民間出現專業民郵機構 —— 民信局。

民信局的出現，是民間貿易、民間來往日益發展的必然結果。民信局通常有一定的管轄範圍，路途遙遠的郵件需要民信局之間互相合作，才能將郵件傳遞到目的地。當時的民信局經營範圍廣泛，既能傳遞信件、包裹，也能匯兌銀錢，甚至還能托運大件物品。民信局在清咸豐同治年間發展到了鼎盛時期，在廣東、福建沿海地區還出現了專門為海外華僑服務的民信局 —— 僑批。

烽火

約 3,000 多年前，中國中原地區的人們為防範和抵禦西北邊陲少數民族的搔擾，建造了世界上最早的煙火報警通訊裝置 —— 烽火臺。

烽火臺用石塊堆疊成十幾公尺高的石堡，上堆柴草和狼糞，時刻有士兵在上面值勤觀察和瞭望。一旦發現敵情，夜間點燃柴草，使火光沖天；白天則點燃狼糞，由於糞燃燒時，其煙垂直向上，在很遠的地方都能看到，故又稱烽火為狼煙。

烽火通訊系統由許多烽火臺一個接一個串聯組成，每個之間有一定間隔。當出現緊急情況時，便點燃烽火，烽火從前到後依次傳遞，警報很快就從邊關傳到內地。

烽火通訊在每一站之間是以光速傳遞的，應屬於光通訊一類，光速 30 萬公里 / 秒，比馬跑人行快多了。

風箏傳書

風箏是中國人的發明，可追溯到春秋戰國時代。木匠魯班的竹鵲、墨子的木鳶，都是風箏的前身。東漢蔡倫發明造紙術後，出現紙鳶，俗稱風箏。人們常在紙鳶上綁一個竹笛，放飛時，被風吹的竹笛發出像箏一樣的聲音。

西元 782 年，唐朝節度使田悅發動叛亂，兵圍洛城，朝廷派馬燧前去救援。但田悅的軍隊封鎖嚴密，無法與城內守軍取得聯繫。這時，守軍將領讓人把聯絡用的信件綁在風箏上，向援軍駐紮的方向放飛。叛軍看到風箏明白了守軍的意圖，紛紛向風箏射箭，無奈風箏飛得太高，叛軍鞭長莫及。守軍和援軍取得聯絡後，裡應外合，很快擊退叛軍，解了臨洛之圍。

通訊傳播

燈塔

燈塔源於古埃及信號烽火。世界上最早的燈塔建於西元前 7 世紀，位於達尼爾海峽的巴巴角上。那時人們在燈塔裡燃燒木柴，利用火光指引航向。

西元前 280 年，古埃及人在埃及亞歷山大城對面的法羅斯島上修築燈塔，高達 85 公尺，日夜燃燒木材，以火焰和煙柱作為助航的標誌。亞歷山大燈塔被譽為古代世界七大奇觀之一，但在 1302 年時毀於地震。

在古老燈塔中，義大利萊戈恩燈塔至今仍在使用。該燈塔建於 1304 年，用石頭砌成，高 50 公尺。美國第一座燈塔波士頓燈塔建於 1716 年，1823 年建成透鏡燈塔，1858 年建成電力燈塔，1885 年首次用沉箱法在軟地基上建造燈塔，1906 年落成第一座氣體閃光燈塔。1850 年，全世界只有 1,570 座燈塔，1900 年增至 9,400 座。到 1984 年初，包括其他發光航標在內，燈塔總數已經超過了 5.5 萬座。

通訊塔

18 世紀，法國工程師夏普（Claude Chappe）研發出可加快資訊傳遞速度的實用通訊系統。該系統由建立在巴黎和里爾 230 公里間的若干通訊塔組成，這些塔頂上豎一根木柱，木柱上安裝一根水平橫桿，使木桿轉動，並能在繩索的操作下擺動形成各種角度。在水平橫桿的兩端，裝有兩個垂直臂可以動。這樣，每個塔透過木桿會構成 192 種不同形狀，附近的塔用望遠鏡即可以看到表示 192 種含義的資訊。這樣依次傳遞，在 230 公里的距離內，僅需 2 分鐘就能完成一次資訊傳遞。

信號旗

船上使用信號旗通訊至今已有 400 多年歷史。旗號通訊使用簡便，這種簡易的通訊方式一直保留至今，成為近距離通訊的一種重要方式。在進行旗號通訊時，可把信號旗單獨或組合使用，表示出不同的意義。

通常來說，懸掛單面旗表示最緊急、最重要或最常用的內容；如懸掛A字母旗，表示「我船下面有潛水夫，請慢速遠離我船」；懸掛O字母旗，表示「有人落水」；懸掛W字母旗，表示「我船需醫療援助」；等等。

旗語

在 15 ～ 16 世紀間，艦隊司令靠發炮或揚帆作訓令指揮屬下的艦隻。海軍上將波帕姆爵士（Sir Home Riggs Popham）用一些旗子作「速記」字母，創立了一套完整的旗語字母。

1817 年，英國海軍馬利埃特上校（Frederick Marryat）編出了第一本被國際承認的訊號碼。航海信號旗共有 40 面，包括 26 面字母旗，10 面數字旗，3 面代用旗、1 面回答旗。旗形有燕尾形、長方形、梯形、三角形等。旗的顏色和圖案也各不相同。

聲音通訊

在人類認識客觀世界的過程中，70%的資訊透過視覺器官眼睛獲得，20%透過聽覺器官耳朵獲得，其餘剩餘資訊由觸覺、嗅覺、味覺等器官獲得。

在現代通訊中，電話就是利用聽覺器官製成，古代在聲音通訊方面也有許多嘗試。如中國古代戰爭中兩軍交兵，常會用聲音傳遞命令，如擊鼓進兵、鳴金收兵等。在現代軍隊中，仍有利用聲音傳遞訊號的情形，如進攻時由號兵吹響衝鋒號，夜晚睡覺時吹熄燈號，早晨吹起床號等。

在古代，利用聲音通訊非常普遍。非洲的一些土著部落幾乎家家都有長鼓和象牙號，許多大小事情都靠擊鼓聯繫。各部落都有一套複雜的「鼓語」，不同的鼓聲、不同的鼓點也代表不同的意思。

在現代生活中，利用聲音是通訊的一個重要手段，一些具有特定含義的資訊可透過特定的聲音表現。如消防車、救護車、警車等專用車輛在執行緊急任務時拉響警笛；又如在門上裝上門鈴等。從廣義上講，人類的語言功能也屬於聲音通訊範疇。

小知識 —— 會飛的「郵遞員」

鴿子是人類最早馴養的善於長途飛行的飛禽，記憶力非常好，能從幾千里外跨越高山大川、森林和海洋，飛回自己的家。據記載，西元 1980 年，一個葡萄牙人將一隻南非鴿帶到葡萄牙里斯本，這隻信鴿從里斯本出發，經過 7 個月的飛行，飛越地中海和非洲大陸，最後返回了牠在南非普利托里亞的家，行程達 9,000 公里。由於鴿子的大腦對地球的磁場分布非常敏感，所以牠能透過辨別磁場找到飛回家的路線。

歷史記載的最早信鴿通訊在西元前 43 年，古羅馬將軍安東尼帶兵圍攻穆廷城。當時，羅馬兵圍穆廷，城內守軍無法派人和城外援軍取得聯繫。這時，守軍指揮官白魯特想到了鴿子。他將告急信綁在鴿腿上，讓鴿子從空中飛出敵人的重圍，從而把消息傳給援軍。援軍得到了確切情報，終於和城內的守軍裡應外和，打退了安東尼的軍隊。

大雁也能傳遞書信，中國現在還常將送信的郵遞員稱為「鴻雁」。

現代通訊先驅

想起現代通訊，大家通常想到的是電信通訊、數位通訊、IT 產業及電子產品製造業等高科技通訊。

有線電報

基本上傳遞電報是由電傳遞的過程，發送和接收的都是電碼，即長短不同的電脈衝。

西元 1831 年，英國人法拉第（Michael Faraday）發現了電磁感應定律：閉合電路的一部分導體在磁場裡做切割磁力線運動時，導體中就會產生電流。根據電磁感應定律研發出的發電機，使人類獲得廉價而強大的電能，使電服務於包括通訊在內的社會各行業。

1837 年，美國人摩斯（Samuel Morse）研發第一臺摩斯電報機，編訂出摩斯電碼。摩斯電碼是一種時通時斷的訊號代碼，透過不同排列順序表達不同英文字母、數位和標點符號等。最早的摩斯電碼是一些表示數字的點和線，用密碼對應單字，需要查一本代碼表才能知道每個詞對應的密碼。用一個鍵可敲擊出點、線以及中間的停頓，目前還在使用的國際摩斯電碼只使用點和線（去掉了停頓）。摩斯的發明使通訊從此進入電子時代。

電報事業的發展可以說是突飛猛進。以美國為例，到了 1866 年，電報公司已擁有 2,250 個分局，電報線路總長達 312 萬公里；歐洲各國也相繼發展自己的電報事業，電報網逐漸貫穿了整個歐洲大陸。

傳真機

1843 年，蘇格蘭電氣工程師貝恩（Alexander Bain）發明了第一部傳真機。1848 年，貝克韋爾（Frederick Bakewell）進一步改善了貝恩的傳真技術，發明了滾桶掃描技術，該技術直到今天仍在應用。1857 年，義大利人凱斯利（Giovanni Caselli）在巴黎至里昂、巴黎至馬賽之間進行了「相片傳送」的傳真通訊實驗。

1925年，美國電報電話公司貝爾實驗室採用真空管技術和光電管技術研發出實用型傳真機，並在第二年創辦橫跨美洲大陸的有線相片傳真業務。

傳真機工作原理是：先掃描即將發送的文件，並轉化為一系列的黑白點資訊，該資訊再轉化為音訊訊號並透過傳統電話線進行傳送。接收方的傳真機「聽到」訊號後，會將相應的點資訊列印出來。這樣，接收方就會收到一份原發送文件的影本。

傳真機其實就是「遠端複印」。傳真機的發展趨勢是傳遞速度越來越快，傳遞的影像逐漸清晰，操作方式變得更簡單，設備變小巧。

貝爾電話

傳遞聲音需要聲電轉換和電聲轉換過程，發送時先要將聲音轉換成連續的電訊號，接收時還要再將電訊號還原為聲音。

1860年，德國科學家李斯（Philipp Reis）仿照人耳結構成功製作出一套送話裝置，並用它發送了一段音樂。李斯將他的裝置命名為「Telephone」。這種電話機由於送話器產生的電流不連續，所以傳送的聲音斷斷續續，聽不清楚。

貝爾（Alexander Graham Bell）看到電流可使線圈振動而發出聲音，從而設想利用電流傳遞人說話的聲音。經過不斷的反覆實驗，他有了新構想：如果對著鐵片說話，聲音就會引起鐵片振動，在鐵片後放一塊繞有線圈的磁鐵，鐵片振動時就會在導線中產生時大時小的電流。這個振動電流沿著導線傳到另一端，同樣會使一塊磁鐵振動並發出聲音。這樣，一方的話音就可傳到另一方。

1876年3月10日，貝爾電話試做成功。1878年，貝爾在波士頓與紐約之間架設了世界上第一條長途電話線，有320公里長，電話開始進入千家萬戶。1880年，貝爾電話公司成立，電話事業得到了迅速發展。

電話的改進

愛迪生和休斯改進了導電粒子的成分，從煙煤中提取碳精粉。碳精粉是導電體，又具有良好的彈性，很適合做導電粒子。採用碳精粉後，電流對聲音的變化變得更加敏感，用電話交談時語音也清晰了許多。

語音變成電子訊號後，就由電子訊號來傳播，但電子訊號經過長距離傳送會不斷損失能量。當傳送距離較長，受話器收到的電訊號已相當微弱，微弱的訊號轉變的聲音模糊不清。為減少電路中訊號的衰減，人們替電路增加電感。

增加電感的想法最早由英國人黑維塞（Oliver Heaviside）在 1887 年提出。按黑維塞的建議，在電話電路上每隔約 1 公里串聯一個加感線圈，這樣經過無數次「加感」，電訊號的衰減明顯減少。而且，電纜也能夠做得更細了。

西元 1906 年，美國人德富雷斯特 （Lee De Forest）發明了真空三極管。三極管的作用就是將電子訊號放大，於是解決線路中訊號衰減問題更好的辦法出現了：在線路中安裝電話增音器。「加感」具有副作用，訊號經過「加感」電路時，頻帶邊緣會發生變化，語音就會失真，但增音器的出現使這種現象得到了改善。

磁石式電話機

通訊的電能由自備乾電池提供，振鈴電能由手搖發電機提供。在打電話時，先取下話筒，再用力搖動手柄，之後才開始進行通話，它是用手搖發電機搖響受話方的振鈴。這種手搖發電機上有兩塊永久磁鐵，因此稱它為磁石式電話機。這種電話機由於不需要外接電源，所以在那些沒有交流電的偏遠地區或在軍事上的用途很大。

共電式電話機

美國科學家安德斯設計出一種新電話機，這種電話機不用自帶電池，也沒有手搖發電機，所用電源由電話局統一供給，人稱這種電話機為共電式電話機。共電式電話機和磁石式電話機相比，結構簡單，成本相對低。

無線通訊

無線通訊是利用電磁波訊號可在自由空間中傳播的特性進行資訊交換的一種通訊方式。近年，資訊通訊領域中，發展最快、應用最廣的就是無線通訊技術。在移動中實現的無線通訊又統稱為移動通訊，兩者合稱為無線移動通訊。

行動電話

無線電話主要由發射機和接收機組成。陸地上使用的移動通訊裝置，如汽車用無線電話、手機、無線呼叫器等採用分區制，即把一個城市或更大的區域劃分成許多社區，每個社區都有一個基地臺。

實際上，基地臺就是一個大功率發射臺（也有接收系統，行動電話通常為雙向，既有發射功能又有接收功能），透過基地站與這個社區裡需要得到服務的行動電話取得聯繫。各基地站又與一個總控制局連接，並受總局控制。控制局再透過交換機和電話局與市內電話網溝通。

分區方式有許多種，最主要的是蜂窩狀社區制，相鄰社區使用的頻率不同，避免互相干擾。但控制局透過電腦系統能隨時偵察出行動電話位置。當行動電話從一個社區進入另一個社區時，控制局能自動切換它所使用的頻率，從而不會使通訊中斷。

採用六邊形的蜂窩狀分區方式是因為這種方式覆蓋面積最大，重疊面積最小，必要的頻率數也最少。

BB.Call

BB.Call 只能接收無線電訊號，不能發送訊號，是單向移動通訊工具。普通型的數位呼叫器，外型小巧，一旦收到訊號，它會發出幾聲輕微的「嗶——，嗶——」聲，提醒人注意。為不干擾別人，也可關上聲音開關，呼叫器內會發出機械振動，只有攜帶者本人才能感覺得到。

呼叫器收到訊號後，螢幕上會顯示出一串阿拉伯數字和英文字母，表示電話號碼和對方傳遞的簡短訊息。

汽車電話

現代生活中，人們把無線電話安裝在汽車上，可在路途中進行通訊。

據說，最早使用汽車電話的是美國員警。他們在巡邏和追捕罪犯的途中，為和總部聯繫，把無線電話安裝在警車上。後來，消防車也裝了無線電話，這樣就能在路途中或救火現場向總部報告災情，請求增援。

隨著汽車電話技術和無線電元件技術的發展，許多運貨卡車、計程車、急救車以及私人汽車也相繼安裝了汽車電話，公路管理部門也離不開汽車電話了。

汽車電話都有一個小型控制器，上面有撥號鍵和開關，及一個收送話器。控制器通常在司機室內，與儀錶、收音機等裝在一起，收發器安放在座位下面，不會妨礙乘客活動。天線裝在車頂。

船舶電話

船舶電話是把無線電話安裝在船上，沿岸設立基地臺，使無線電波覆蓋沿岸海面。為增加船、岸之間的通訊距離，通常將基地臺安裝在地形最高之處。

如果船上的海員想與家人通話，船舶電話就把電波發射到基地臺，經中繼線傳至陸地有線電話局，透過電話局的線路即可把家裡的電話接通。

安全通訊是海上移動通訊的重要內容。在海上航行的船舶，隨時會面對風浪、暗礁、淺礁及撞船風險。船舶電話成為船員們安全的保障。

海上氣象預報是船舶通訊不可缺少的內容，因為海上的颶風是船隻行駛的最大威脅，世界上每年都有船隻受颶風襲擊翻船沉沒，所以沿海各國組成了海上無線通訊網，定時向船舶發布各個海域的氣象資料。

航道電話

飛機上的無線電通訊最早始於一戰期間。飛機在空中激戰，飛行員要時刻與戰友保持聯繫，聯合作戰，還要和地面指揮員聯絡、聽令。偵察機到敵人上空偵察，得到的情報也要透過無線電話傳給地面指揮部。

和平年代，人們將空中無線通訊技術轉到民用方面。作戰飛機變成噴射式客機，飛翔在數萬公尺的高空。儘管離地面非常遠，飛機上的駕駛員仍能與地面保持不間斷聯繫。身處地面的空中調度員透過地對空無線電話，對飛行員發布命令。

大型機場非常繁忙，每隔幾分鐘就有飛機起飛、降落，天空中飛機太多，稍不留心就會發生撞機的災難。所以，機場調度人員也要透過無線電話指揮飛機有秩序的起飛和著陸。

大型客機長途飛行時，要經常與地面保持通訊聯繫。飛機誤點或提前到達，都要通知機場，使他們做好接機準備。有時飛機上發生意外，還可透過無線電話通知地面，採取應急措施，保證飛機安全。

藍牙

藍牙是一種短距離無線電技術。利用藍牙技術，能有效簡化筆記型電腦、手機、耳機等移動通訊設備之間的通訊，也能成功簡化以上這些設備與網際網路之間的通訊，從而使這些現代通訊設備與網際網路之間的資料傳輸變得高速高效。

小知識 —— 電話交換機

電話交換機是一種特殊用途的用戶交換機。它有若干電話機共用外線，適用於機關、團體、中小企業等單位，也可以用於住宅和祕書電話。

集團電話交換機不需要專職的話務員和維護人員，每部都可以透過指示燈了解整個系統的工作情況。當外線撥入時，可由任意一部話機應答，並可以轉給所需的被呼叫人。任何一部話機要呼叫外線時，只要按下代表空閒外線的相應鍵，即可撥號呼叫外線。

有的集團電話還具有會議電話、熱鍵撥號、熱線服務、廣播、來電轉接、通話等待、內線保密、外線保密、停電自動轉移等各種功能。

微波通訊

微波通訊是指用波長在 0.1 毫米～ 1 公尺之間的電磁波 —— 微波進行的通訊。

微波通訊無需固體介質，當兩點間直線距離內無障礙時，就可使用微波傳送。微波通訊容量大，可同時傳輸上萬條的電話或幾套電視節目，品質好並可傳至很遠的距離。此外，微波的方向性好，其保密性優於一般的無線電短波通訊。因此，微波通訊時是國家通訊網的一種重要通訊手段，也普遍適用於各種專用通訊網。

微波不靠地球傳播，因為大地對它的吸收作用很大；微波能輕鬆穿透電離層，逃逸到宇宙空間，並一去不返。由於微波幾乎沒有繞射能力，所以就連地球的弧度也會妨礙它的直線傳播。

為使微波傳送得更遠，通常要把天線架高。即使如此，由於受地球表面影響，一個 40 公尺高的天線只能保證微波在 50 公里範圍內傳播。為了長距離通訊，就要每隔 50 公里左右設置一個中繼站，將前一站送來的訊號放大，然後再傳給下一站。如此傳遞，直到到達目的地。所以，微波通訊有時也稱微波中繼通訊或微波接力通訊。

衛星通訊

衛星通訊是指利用人造衛星作為通訊的中繼站來轉發無線電訊號，在兩個或多個地面站之間進行的通訊。在衛星通訊系統中，地面站 A 把無線電訊號發射給衛星，衛星收到訊號後進行處理和放大，再轉發給地面站 B。同樣的，地面站 B 發出的訊號也可以透過衛星轉發到地面站 A，從而實現衛星通訊。

由於衛星高懸於空中，它的天線波能覆蓋地面很大一部分區域，因此在這塊區域中的任何地方都能接收到由衛星轉發的無線電波。也就是說，雖然只有一顆衛星，但分布在四面八方的地面站 A、B、C、D、E，都可透過該衛星相互通訊，從而實現跨洲越洋的通訊。

同步衛星

通訊衛星可在離地球不同高度的軌道上運行，它在太空高速繞地球轉動時產生的離心力能夠抵消地球引力，從而使衛星不墜落。衛星離地球越遠，繞地球一圈的時間越長。當衛星被發射到地球赤道上空離地面約 3.6 萬公里時，繞地球一圈時間為 24 小時，與地球自轉一圈的時間相同。這時，從地面上看到該衛星就像靜止於天空一樣。這種相對地球靜止的衛星，就被稱為同步衛星，其運行軌道稱為地球同步軌道。

如果站在地球同步軌道上觀察地球，能看到整個地球表面積的 1/3 以上，其最大跨度達 1.8 萬多公里。因此，只要在地球赤道上空等間隔放置三顆同步衛星，就可基本上覆蓋整個地球，從而實現全球範圍內的通訊了。目前使用的航海移動通訊系統，就是利用位於大西洋、太平洋和印度洋上空的三顆同步衛星實現的。

現在，世界上越來越多的國家都為了建立自己獨立的衛星通訊系統，爭相向地球上空的同步軌道發射其通訊衛星。

低軌道通訊衛星

指運行在距地球表面不同高度、但低於地球同步衛星軌道的空間中的衛星。

由於衛星繞地球旋轉的時間快於地球自轉，而地面站又只能在短距離範圍內才能和衛星通訊，所以在衛星繞地球一周內通訊的時間很短，衛星形成的覆蓋地區在地球表面上快速移動，當衛星轉到地球背後時，就無法進行通訊。而增加在軌道上的衛星數量，就可以克服低軌道衛星通訊這一缺點。

低軌道衛星移動通訊系統的工作原理與「蜂窩式」移動通訊的原理相似。儘管每顆衛星能覆蓋的地區比同步衛星小，但比起移動通訊中基地臺所覆蓋的面積卻大多了。實際上，一顆低軌道衛星相當於陸地移動通訊系統中的一個「基地臺」，而形成覆蓋區域的天線和無線電中繼設備都安裝在衛星上。當然，這個「基地臺」不是建在地面上，而是被倒掛在天空。地面站與空間衛星的聯繫，及衛星與衛星間的聯繫都在「K」頻帶上建立；衛星與地面移動臺如車、船和手持行動電話機的人之間的資訊聯繫則建立在「L」頻帶上。

衛星廣播電視通訊

在衛星廣播通訊系統中，地面電視臺的訊號透過衛星地面站直接發射給衛星，再由衛星轉發到另一個地方的衛星地面接收站，然後再送到各個使用者那裡。

這種由衛星直接轉發電視訊號的方式避免了以往電視訊號在地面多次轉發過程中，因高大建築和山脈等障礙物所引起的訊號反射造成的各種失真。

有了衛星廣播電視，世界上任何地方發生的重大新聞都能直接透過衛星迅速轉發到世界各地。

導彈電視和電視炮彈

導彈電視，是把性能優越的大功率電視攝影機和發射器安裝在彈頭內，用運載火箭將其發射到預定目標上空而完成的偵察任務。電視攝影機拍攝的影像，可以透過衛星送到指揮中心，使指揮部從接收到的畫面中清晰看到現場的情況，從中獲得有價值的情報。

電視炮彈專供近距離使用，是把微型攝影機和發射器裝入彈頭內，用炮彈發射到幾十公里外的前線陣地。當彈頭到達目的地，彈頭自動爆炸，將微型攝影機彈出，微型攝影機在隨降落傘旋轉下降的同時，將周圍的景物及人員的活動自動俯拍，同時把畫面用無線電發射器傳送回指揮中心。

光纖通訊

光是人們熟悉的自然現象。而利用光進行通訊，卻是在 1970 年代才發展起來的新技術。

1960 年，美國科學家用紅寶石棒製成了世界上第一個新光源 —— 雷射。此後的 10 年，能傳輸光訊號的低損耗光導纖維研發成功，從此宣告了光纖通訊時代的開始。

目前，世界上已有的光纖通訊線路超過 1,000 萬公里。

光纖通訊系統

光纖通訊系統是以光為載波，利用純度極高的玻璃拉製成極細的光導纖維作為傳輸媒介，透過光電轉換，用光來傳輸資訊的通訊系統。

在通訊中，資訊的傳輸需要占據一定的頻率範圍，也稱頻寬。如電報訊號的傳輸僅需上百赫的頻寬；電話傳輸需占據的頻寬在 2 ～ 4 千赫間；電視需頻寬約 6 兆赫。對於一個通訊系統來說，頻寬越大，其傳輸容量越大，能傳輸的資訊也就越多。

雷射波長只有約 1 微米左右，頻率卻高達 300 億萬赫。一條光纖可同時傳輸 1,000 萬套高品質的電視節目或 100 億路電話，且互無干擾，相當於全世界的人都在同時打電話。

光纖

製造光纖的主要材料是二氧化矽，其資源極為豐富。光纖通訊容量很大，損耗低，傳輸訊號的距離很遠，因而可以減少傳輸線路中的中繼設備。

光纖維在傳輸訊號時不僅損耗小，還對多種形式的電磁干擾具有強烈的抗干擾性，尤其是在通過高電磁干擾區時，不必配備複雜的遮罩裝置和過多的輔助設備。

此外，用光纜傳輸資訊不會出現像電子通過金屬導體時會產生電磁場而導致訊號的洩漏，更不會被感應竊取，其保密性極好。

光纖中傳輸的訊號是光，所以在如化學工廠或核反應爐等危險環境中使用時，不會發生火花放電的危險，非常安全。

相干光

光纖通訊系統中光源的雷射器，發出的光只有單一波長，人稱「相干光」。

由於雷射器發出的光是相干的，所以不會像手電筒或探照燈的光束那樣四面擴散。雷射器發出的光很「純」，僅有一種波長，因此不會像自然光一樣相互干擾。如果把雷射光束打在與地球相隔 38 萬公里的月球上，它的光斑只有幾公里。把高度聚光後的探照燈光束打在月球上，直徑可達幾千公里。鐳射的能量始終都集中在所傳播的一個固定方向上，為充分利用鐳射的資訊攜載能力，對它加以調配，將要傳送的資訊載入到鐳射上，即可將大量資訊傳到遠方。

積體光學電路

積體光學電路，集合許多光學元件。它們是大量的微型雷射器、調變器和光導薄膜。世界上已製成的最小雷射器只有人頭髮厚度的 1/10，可將 2 億個這樣的雷射器集合在一塊相當於人指甲大小的晶片上。在使用了積體光學電路的光纖通訊系統中，像說話的聲音和影像等資訊，在通過聲到光的轉換裝置和鐳射掃描裝置後直接變成光訊號，都可送入光纖中傳輸。

全球定位衛星系統

全球定位系統簡稱 GPS，是一個中距離圓型軌道衛星導航系統。它可為地球表面 98%的地區提供準確的定位、測速和高精度的時間標準。

該系統是由美國政府在 1970 年代投入研究，在 1994 年全面建成。使用者只需擁有 GPS 接收器，無需另外付費。GPS 訊號分為民用的標準定位服務和軍規的精確定位服務兩類。

GPS 最初是美國出於軍事目的而開發的。由於衛星定位表現出在導航方面的巨大優越性，又有子午儀系統存在對潛艇和艦船導航方面的巨大缺陷，美國海軍隊及民用部門都迫切需要一種新的衛星導航系統。現代軍備諸兵種強調聯合作戰，要求指揮員必須隨時隨地掌握各種參戰單位的準確位置，發射導彈必須首先測定出發射地點的精確位置等。這些需求都促使一套高精確度、覆蓋率高的定位系統發展。

- **GPS 的組成**：GPS 全球衛星定位系統由三部分組成：空間部分 —— GPS 星座，由 24 顆衛星組成，其中 21 顆是工作衛星，3 顆是備份衛星；地面控制部分 —— 地面監控系統；使用者設備部分 —— GPS 訊號接收機。
- **GPS 的定位原理**：GPS 定位是利用衛星基本三角定位原理，其接收裝置以測量無線電訊號的傳輸時間來測量距離，以距離來判定衛星在太空中的位置，這是一種高軌道與精密定位的觀測方式。
- **GPS 應用領域**：GPS 訊號接收系統可輸出地面任何地點的位置資訊。這些位置資訊可廣泛用於天文臺、通訊系統基地站、電視臺中的精確定時，道路、橋樑、隧道施工中的工程測量，野外探勘及城市規劃中的探勘測繪，以及各種專業導航定位等。
- **載體**：GPS 訊號接收器所在的運動體叫做載體，如航行中的船艦、空中的飛機、行走的車輛等。載體上的 GPS 接收器天線在跟蹤 GPS 衛星的過程中相對地球而運動，接收器用 GPS 訊號即時獲得運動載體的狀態參數。

認識廣播

透過無線電波或導線傳送聲音、影像的新聞傳播工具，就是廣播。

從傳播手段看，廣播可以分為兩類：透過無線電波傳送節目的，稱為無線廣播；透過導線傳送節目的，稱為有線廣播。

從傳播媒介看，廣播也可分為兩大類：傳送聲音的，稱為聲音廣播，簡稱廣播；傳送聲音、影像的，稱為電視廣播，簡稱電視。

無線電最早應用於航海中，使用摩斯電報在船與陸地間傳遞資訊。現在，無線電有著多種應用形式，包括無線資料網，各種移動通訊以及無線電廣播等。

載波

把聲音「載入」在無線電波上的過程，叫做「調變」，而被當做傳播交通工具的無線電波則叫「載波」。因此，發射電磁波是為了傳遞訊號，訊號的頻率低，無線電磁波的頻率高。把聲音調變到載波的方式有兩種：使高頻無線電磁波的振幅隨訊號改變叫調幅，使高頻無線電磁波的頻率隨訊號改變叫調頻。

調幅波

使載波振幅按照調變訊號改變的調變方式叫調幅，經過調幅的電波就叫調幅波。

調幅波保持著高頻載波的頻率特性，但包絡線的形狀則和訊號波形相似。調幅波的振幅大小，由調變訊號的強度決定。調幅波用英文字母 AM 表示。目前，調幅制無線電廣播分做長波、中波和短波三個大波段，分別由相應波段的無線電波來傳送訊號。

調頻波

使載波頻率按照調變訊號改變的調變方式，叫做調頻，經過調頻的波叫調頻波。

已調波頻率變化的大小由調變訊號的大小決定，變化的週期由調變訊號的頻率決定。已調波的振幅保持不變。調頻波的波形就像是被壓縮得不均勻的彈簧，調頻波用英文字母 FM 表示。調頻波的頻率隨調變訊號振幅的變化而變化，但其幅度始終保持不變。

頻率與波長

電磁波的電場（或磁場）隨時間變化，具有週期性。在一個振盪週期中傳播的距離，即相鄰電波之間的距離，叫做波長。每秒發出電波的次數稱頻率。頻率在收音機調節刻度上以千赫（每秒發出無線電波 1,000 次）或兆赫標明。不同的頻道採用不同的頻率。

小知識 —— 收音機

收音機由機械、電子、磁鐵等構造而成，用電能將電波訊號轉換為聲音，收聽廣播電臺發射的電波訊號的機器。又名無線電、廣播等。

收音機的原理，是把從天線接收到的高頻訊號經由檢波（解調）還原成音訊訊號，送到耳機或喇叭變成音波。由於科技進步，天空中有了很多不同頻率的無線電波。如果把這許多電波全都接收下來，音訊訊號就會像處於鬧市之中一樣，許多聲音混雜在一起，結果什麼也聽不清了。為了設法選擇所需要的節目，在接收天線後就有一個選擇性的電路，它的作用是把所需的訊號（電臺）挑選出來，並把不要的訊號「濾掉」，以免產生干擾。這就是我們在收聽廣播時所使用的「選臺」按鈕。

選擇性電路的輸出是選出某個電臺的高頻調幅訊號，利用它直接推動耳機（電聲器）是不行的，還必須把它恢復成原來的音訊訊號。這種還原電路稱為解調，把解調的音訊訊號送到耳機，就可以收到廣播了。

電影的出現

電影是一種把活動影像用攝影機記錄在底片上，透過放映機將這些影像投射在螢幕上供觀眾欣賞的藝術。

電影是根據「視覺殘留」原理，以數千幅的靜態影像快速放映而成。西元 1895 年，法國的盧米耶兄弟（Lumière）用改良過的電影放映機放映了幾部自製短片，這就是電影的誕生。

事實上，一部影片由一長條數以千計幅的靜態相片相連構成的。影片卷在卷軸上，然後放入放映機，再將每一個畫面投射到銀幕上。由於畫面以很快的速度（每秒鐘 24 格）呈現，因此可將畫面融合成順暢、生動的動作。

製作影片用的感光材料稱為電影底片，是將感光乳劑塗在透明柔韌的片基上製成的感光材料，包括電影攝影用的負片、印拷貝用的正片、複製用的中間片和錄音用的聲帶片等。這些底片的結構大致相同，都由能感光的鹵化銀明膠乳劑層和支援它的片基層兩部分組成。

將影片上記錄的影像和聲音配合銀幕和擴音機等還原出來的機械設備，稱為電影放映機。電影放映機通常分為固定式和移動式兩類。按放映影片的寬度，可分為 70 毫米、35 毫米、16 毫米、8.75 毫米和 8 毫米等不同的放映機，一些特殊形式的電影還裝備有立體、全景、環幕、穹幕、巨幕等放映機。通常固定式放映機由傳動、輸片、光學、還音、機體和電器等部分組成。移動式放映機上沒有擴音機、揚聲器等。

電視技術

電視技術是利用電子設備傳送活動影像的技術。利用人眼的視覺殘留效應顯現一幅幅漸變的靜止影像，形成視覺上的活動影像，使得電視成為一種重要的廣播和通訊方式。

電視首先應用於廣播，後又在工業、軍事、通訊、醫療和科研等方面被逐步推廣。透過電視，人們可以看到遠距離處、不可到達的深海或核反應爐內部的即時景像。在沒有光照或光照極微之處，微光電視或紅外電視也能把人眼察覺不出的影像顯示成為可見的電視影像。

- **廣播電視**：廣播電視和衛星電視的資訊均以電磁波形式在空間傳播。廣播電視屬於超短波的範圍，具有光波直線傳播的特點，但由於電視臺的發射天線高度有限，更由於地球表面彎曲，能直接達到使用者天線的距離通常限於五、六十公里，因此各個廣播電視臺發射的電波覆蓋面積都很有限。
- **閉路電視**：一種影像通訊系統。其訊號從來源傳給預先安排好、與來源相通的特定電視機。廣泛用於大量不同類型的監視工作、教育、電視會議等。

  最簡單的閉路電視，是用一部攝影機將拍攝訊號透過電視電纜送到監視器上，也可將拍攝訊號經過多路分配放大器送到多個監視器上使用。閉路電視監控系統是一種防範能力極強的系統，可透過遙控攝影機及其輔助設備，如鏡頭，直接觀看被監視場所的所有情況。
- **電視攝影機**：電視攝影機工作原理是將景物的影像聚焦在攝像管的光敏或光導靶面上，靶面各點光電子的激發或光導的變化情況，依照影像各點的亮度有所不同。當用電子束掃描靶面，就會產生一個幅度正比於各點景物影像亮度的電訊號。傳送到電視接收器中使顯像管螢幕的掃描電子束隨輸入訊號的強弱而產生變化。當和發送端同步掃描時，顯像管的螢幕上隨即顯現發送的原始影像。

- **電視接收機**：電視頻道傳送的電視訊號主要包括亮度、色度、色同步、複合同步、伴音五種訊號，這些訊號或可透過頻率域，或可透過時間域相互分離出來。電視接收機是能將所接收到的高頻電視訊號還原成影片與低頻伴音訊號，並能在其螢幕上重現影像，在其揚聲器上重現伴音的電子設備。

通訊網路

在不同地方的使用者之間傳遞資訊的系統，就是通訊網路。

通訊網路的功能是適應使用者需求，以使用者滿意的程度溝通網內任意兩個或多個使用者之間的資訊交流。現代社會，通訊已經成為人們交流的樞紐。從海底、地下光纜到地面電話線、衛星地球站，再到空間的通訊衛星，構成了龐大的立體通訊網路。

- **模擬通訊網**：根據訊號方式的不同，通訊可分為類比通訊和數位通訊。在電話通訊中，使用者線上傳送的電訊號隨著使用者聲音大小而變化。這個變化的電訊號無論在時間或幅度上都是連續的，稱為類比訊號。在使用者線上傳輸類比訊號的通訊方式，稱為「類比通訊」。
- **數位通訊網**：數位訊號是一種離散的、脈衝有無的組合形式，是負載數位資訊的訊號。電報訊號就屬於數位訊號。數位通訊是指用數位訊號作為載體來傳輸資訊，或者用數位訊號對載波進行數位調變後再傳輸的通訊方式。它是在西元 1960 年代出現的一種新型通訊業務。數位通訊網的傳輸量和傳輸性能遠高於類比通訊網。

電腦技術

電腦是一種能依照事先儲存的程式，自動、高速進行大量數值計算和各種資訊處理的現代化智慧電子設備。通常人們說「世界上的第一臺電子數位電腦」，指的是西元1946年面世的「ENIAC」，主要用於計算彈道，由美國賓夕法尼亞大學研究製造。

電腦的構成

從系統組成看，電腦由輸入裝置、控制器、運算器、記憶體和輸出設備五個部分組成。常見的電腦從外觀上看由鍵盤、滑鼠、主機、顯示器和印表機等組成。

鍵盤是電腦最常見的輸入裝置，透過按鍵，可以與電腦進行對話或命令主機工作；滑鼠也是電腦的一種輸入裝置，透過拖動滑鼠、按一下或按兩下按鍵命令主機工作；主機是電腦的核心，由記憶體、運算器與控制器等電子元件組成，它能進行複雜的運算，處理和保存各種資料，其中運算器與控制器又合稱為中央處理器（CPU）；顯示器是電腦的輸出設備，長得像電視螢幕，能顯示輸入電腦的資訊、電腦的工作過程和電腦處理後的結果。

中央處理器

中央處理器簡稱為CPU，也稱微處理器。

CPU是電腦的核心，負責處理、運算電腦內部的所有資料，而主機板晶片組控制著資料的交換。CPU的種類決定作業系統和相應軟體。

CPU主要由運算器、控制器、暫存器組和內部匯流排等構成，是PC的核心，再配上儲存器、輸入/輸出介面和系統匯流排，組成完整的PC。暫存器組用於在指令執行過後存放運算元和中間資料，由運算器完成指令所規定的運算及操作。

記憶體

電腦系統中的記憶設備，用來存放程式和資料。電腦中的全部資訊，包括輸入的原始資料、電腦程式、中間運行結果和最終運行結果等，都保存在記憶體中。它根據控制器指定的位置存入和取出資訊。有了記憶體，電腦才有記憶功能，才能進行正常工作。

按用途分，記憶體可分為主記憶體（記憶體）和次要存放裝置（硬碟）。硬碟通常是磁性介質或光碟等，能長期保存資訊；記憶體指主機板上的儲存零件，用來存放當下正在執行的資料和程式，但僅用於暫時存放程式和資料，關閉電源或斷電，資料就會遺失。

軟體系統

電腦系統中由軟體組成的部分，包括作業系統、語言處理系統、資料庫系統、分散式軟體系統和人機互動系統等。

作業系統用於管理電腦的資源和控制程式的運行；語言處理系統用於處理軟體語言等的軟體；資料庫系統用於支援資料管理和存取的軟體；分散式軟體系統包括分散式作業系統、分散式程式設計系統、分散式檔案系統、分散式資料庫系統等；人機互動系統則是提供使用者與電腦系統之間按一定約定進行資訊互動的軟體系統。

程式

為了使電腦執行一個或多個操作，或執行某一任務，按序設計的電腦指令的集合，用組合語言、高階語言等開發編制出來的可以運行的檔案，在電腦中稱可執行檔（尾碼名通常為 .exe）。程式由程式計數器控制，通常分為系統程式和應用程式兩類。

小知識 —— 電腦的發展

電腦誕生後，已經歷了四個發展階段。第一代，是從西元 1946 年到 1950 年代末的真空電腦；第二代，是從 1950 年代末到 1960 年代中的電晶體電腦；第三代，是 1960 年代中到 1970 年代初的積體電路電腦；第四代，是從 1970 年代至今的大型積體電路電腦。

1946 年 2 月 15 日，世界上第一臺可進行高次數學運算的電腦誕生於美國賓夕法尼亞大學，名為「伊尼亞克（ENIAC）」，它是由美國物理學家莫奇利（John Mauchly）和埃克特（J. Presper Eckert）共同完成的。

「伊尼亞克」重達 30 噸，裝有 1.8 萬個真空管、7 萬多隻電阻和 50 萬個手工焊接點。當時，這臺電腦被二戰中的美國陸軍用以計算炮彈射程。

能對聲音、影像等多媒體資訊進行綜合處理的電腦，被稱為多媒體電腦。

多媒體電腦通常指多媒體個人電腦，通常由四個部分構成：多媒體硬體平臺（包括電腦硬體、影音等多種媒體的輸入輸出設備和裝置）、多媒體作業系統、圖形使用者介面和支援多媒體資料開發的應用工具軟體。

多媒體電腦應用廣泛，在辦公自動化領域、電腦輔助工作、多媒體開發和教育宣傳等領域發揮著重要作用。

電腦網路

電腦網路是一些相互連接、以共用資源為目的、自治的電腦的集合。最簡單的電腦網路，是由兩臺電腦和連接它們的一條線路組成。由於沒有第三臺電腦，因此也不存在交換問題。

通訊傳播

最龐大的電腦網路就是網際網路，它由非常多的電腦網路透過許多路由器互聯而成。西元 1969 年，美國國防部建立了有 4 臺電腦的 ARPANet，成為世界上第一個電腦網路。

- **網路類型**：根據網路節點的分布，電腦網路可分為局域網（LAN）、廣域網路（WAN）和都會區網路（MAN）。局域網的網路覆蓋半徑在十幾公里之內；廣域網路的網路覆蓋半徑在幾十公里以上，主要功能是在距離上相隔很遠的使用者可共用公共資訊並互相傳遞資訊；都會區網路則是在一個城市內部組成的電腦資訊網路，提供全市的資訊服務。一個網路連接通常由客戶端、傳輸介質和伺服器三個部分組成。客戶端向伺服器發出請求並等待相應的程式，網路採用客戶端 —— 伺服器模式進行通訊。
- **數據機**：調變，就是把數位訊號轉換成電話線上傳輸的類比訊號；解調，即把類比訊號轉換成數位訊號。調變和解調合稱為數據機。它是在發送端透過調變將數位訊號轉換為類比訊號，而在接收端透過解調再將類比訊號轉換為數位訊號的一種裝置。它連接了兩臺電腦的通訊。
- **電子郵件**：電子郵件是電腦網路使用者之間傳遞資訊的一種方式，使用者可在郵件中附加圖片、聲音甚至影片內容，電子資訊可在數秒內抵達目的地，這一時間取決於網際網路硬體的運行速度，而與資訊穿越的距離遠近無關。
- **電腦病毒**：病毒指在電腦程式中編制、插入，可破壞電腦功能或破壞資料、影響電腦使用，並能夠自我複製的一組電腦指令或程式碼。病毒是一種精巧嚴謹的程式碼，按嚴格秩序組織，與所在的系統網路環境相適應配合。病毒不會經由偶然形成，並需要一定的長度，這個基本長度從機率而言不可能透過隨機代碼產生。

- **防火牆**：防火牆是一個位於電腦和它所連接的網路之間的軟體或硬體（硬體防火牆應用較少，如國防部以及大型機房）。該電腦流入、流出的所有網路通訊都要經過此防火牆。防火牆是一種電腦硬體和軟體的結合，使網際網路之間建立起一個安全閘道，從而保護內部網免受非法使用者的侵入。防火牆主要由服務訪問規則、驗證工具、封包過濾和應用閘道四個部分組成。

小知識 —— 觸控螢幕

為操作方便，人們用觸控螢幕來代替滑鼠或鍵盤。早期的觸控螢幕，在使用前需要先用手指或它物觸摸安裝在顯示器前端的觸控螢幕，然後系統根據手指觸摸的圖示或功能表位置來定位選擇資訊輸入。

這款觸控螢幕如今常見於 ATM，由觸摸檢測零件和觸控式螢幕控制器組成。觸摸檢測零件安裝在顯示器螢幕前面，用於檢測使用者觸摸位置，接受後傳送給觸控式螢幕控制器；觸控式螢幕控制器則從觸摸點檢測裝置上接收觸摸資訊，並將它轉換成觸點座標，再送給 CPU，它同時能接收 CPU 發來的命令並加以執行。

神奇的機器人

機器人是一種可經過程式設計，多功能、用來搬運材料、零件、工具的操作機；或是為了執行不同的任務而具有可改變和可程式設計動作的專門系統。通俗點說，機器人就是既可接受人類指揮、又可運行預先編排的程式，也可根據以人工智慧技術制定的原則綱領行動，其任務是協助或取代人類的工作。

機器人是高級整合控制論、機械電子、電腦、材料和仿生學的產物，在工業、醫學、農業、建築業甚至軍事等領域中，都有重要的用途。

機器人主要由操作機或可動零件、驅動系統和控制系統構成。操作機大多由機座、立柱、大臂、小臂、腕部、手部用轉動或移動關節串聯起來的多自由度開式空間運動零件組成，其末端手部為抓持器，可夾持物品或安裝工具。

機器人還需要有像人一樣的感知能力，以確保工作品質。所有的機器人和感測器都由電腦連結，以確保各方面順暢。還有些機器人上裝了攝影機，讓機器人能夠「看」東西。如此，機器人就可分辨形狀，知道自己身處何處。

機器人的動作都是受電腦控制的。電腦向機器人的各個關節發出指令，指示移動方向和距離。關節內有探測器，讓電腦用來檢測手臂是否移到確切位置。機器人所做的工作可輕易改變，只要轉換機器人的工具，更改電腦的指示即可。

印刷技術

將文字、圖畫、照片等原稿經製版、施墨、加壓等工序，使油墨轉移到紙張、織品、皮革等材料表面上，大量複製原稿內容的技術，稱為印刷。

簡而言之，印刷就是生產印刷物的工業。印刷通常以高速大量生產。

- **印刷機**：印刷文字和圖片的機器，叫做印刷機。現代印刷機通常由裝版、塗墨、壓印、輸紙（包括摺疊）等部分組成。

  印刷機種類很多，按使用印版的不同，可分為凸版印刷機、平版印刷機、凹版印刷機、孔板印刷機四類；按裝版和壓印結構，可分為平壓平式印刷機、圓壓平式印刷機、圓壓圓式印刷機三類。另外，也可根據可印顏色、單雙面等進行分類。

- **彩色平版印刷機**：彩色平版印刷機由四臺前後相連的單色印刷機組成，每臺印刷機分別印刷藍、黃、紅、黑四種標準色。只要將標準色構成的各種顏色準確套印，就能得到所需要的印刷品。

攝影

攝影是利用光學透鏡獲取影像的技術。攝影一詞源於希臘語，意為「用光作畫」。這裡指用照相器材拍攝相片，包括從選定題材到顯影、洗印照片的全過程。

在進行攝影時，光通過小孔（更多時候是一個透鏡組）進入暗盒，在暗盒背部（相對於光入射方向）的介質上成像。根據實際光強度和介質感光能力的不同，要求的光照時間也不同。在光照過程中，介質被感光。照相完成後，介質所存留的影像資訊必須透過轉換而再度被人眼所讀取。具體方法依賴感光手段和介質特性。

攝影起源於西元 18 世紀。當時，人們將鹵化銀塗抹在一個光滑表面上，避免受光照射，然後使這塊感光片在一定時間內接受一個物體的反光。物體各部位反射光量不同，所以在感光片上能形成物體反像。物體發光越多的部位鹵化銀就越黑，反之，鹵化銀仍呈現白色。利用這個原理，最初的黑白攝影就實現了。

後來，人們又發明了照相機，這是專門用於攝影的光學機械。被攝景物反射出的光線透過照相鏡頭（攝景物鏡）和控制曝光量的快門聚焦後，被攝景物在暗箱內的感光材料上形成潛像，經沖洗處理（即顯影、定影）構成永久性影像。

照相機

從完成攝影的功能來說，照相機主要包括成像系統、曝光系統和輔助系統三個部分。成像系統包括成像鏡頭、測距器、取景器、附加鏡頭、濾光鏡和效果鏡等；曝光系統包括快門、光圈、測光系統、閃光系統和自拍構造等；輔助系統主要包括捲片功能、計數功能和倒片功能。

照相機品種繁多，按用途可分為風光攝影照相機、印刷製版照相機、文獻微縮照相機、顯微照相機、水下照相機、航空照相機、高速照相機等；按照相底片尺寸，可分為 110 照相機（畫面 13×17mm）、126 照相機（畫面 28×28mm）、135 照相機（畫面 24×18mm，24×36mm）、127 照相機（畫面 45×45mm）、圓盤照相機（畫面 8.2×10.6mm）；按取景方式又分為透視取景照相機、雙鏡頭反光照相機、單鏡頭反光照相機等。

底片

攝影底片是一捲在一側塗有光敏化學物質的透明塑膠帶，它是事物成像的載體。光線射到底片上，底片上的化學物質產生變化，並在底片上形成一種肉眼看不見的影像或圖形。當用特定的化學物質來顯影底片時，影像就變得清晰可見。

日常生活中，人們經常見到的底片有黑白負片、彩色負片和彩色正片。黑白負片可沖洗出黑白照片；彩色負片可製成彩色照片；彩色正片可製成投影片。

數位攝影

數位攝影是指用數位相機、數位攝影機進行拍攝。現在，包含手機攝影功能在內的數位相機使用率相當高。

數位相機使用數位電子形式儲存照片。光學鏡頭首先把影像聚焦到一種叫電荷耦合裝置的晶片上，電荷耦合裝置再將光分解成圖元，然後把它們離散成可讀取的電子檔形式。

未來的空間通訊站

空間通訊平臺是一種大型航天器，相當於將許多普通通訊衛星上的各種儀器設備集中在一起，從而構成一個多功能通訊衛星。其最大優勢，是可透過不斷補充燃料並提供對上面的各種儀器設備的維修服務，保有很長的壽命。

由於在太空通訊平臺上有安裝對接位置，並且重量和尺寸都不受限制，因此可透過太空梭、太空船和太空工作站向空間通訊平臺隨時補給燃料或化學電池，修理或更換已損壞、老化零件，並可安裝新的儀器設備，延長航天器的使用壽命，並最終使之成為永久性的空間通訊工作站。

小知識 — 星間鏈路

當兩地通訊距離超過一顆衛星所覆蓋區域時，訊號需從一地向一顆衛星發射，然後從該衛星轉發到另一個中轉地面站，再由該地面站發向另一顆衛星，最後將訊號傳給使用者。這種繁瑣的上下跳躍式轉發訊號會產生較大的訊號延時，從而影響通訊品質。

此外，低軌道衛星每次通過地面站時僅幾分鐘，每天也僅通過幾次。因此，每顆衛星能傳送的資訊有限。當衛星不經過地面站上空時，就無法進行通訊，因此還必須將這些資訊保存，這樣，衛星的儲存裝置勢必要增加。

為提高通訊品質，在採用低軌道衛星通訊時，改善衛星間的通訊技術，使衛星與衛星間可以相互轉發資訊，完成由地面→衛星

←→衛星→使用者的訊號轉發方式，避免衛星與地面站間的訊號多次上下跳躍式轉發，從而構成一個地面與空間的綜合通訊網。鐳射和毫米波在空間不存在大氣衰減，是理想的大容量通訊空間傳輸形式。

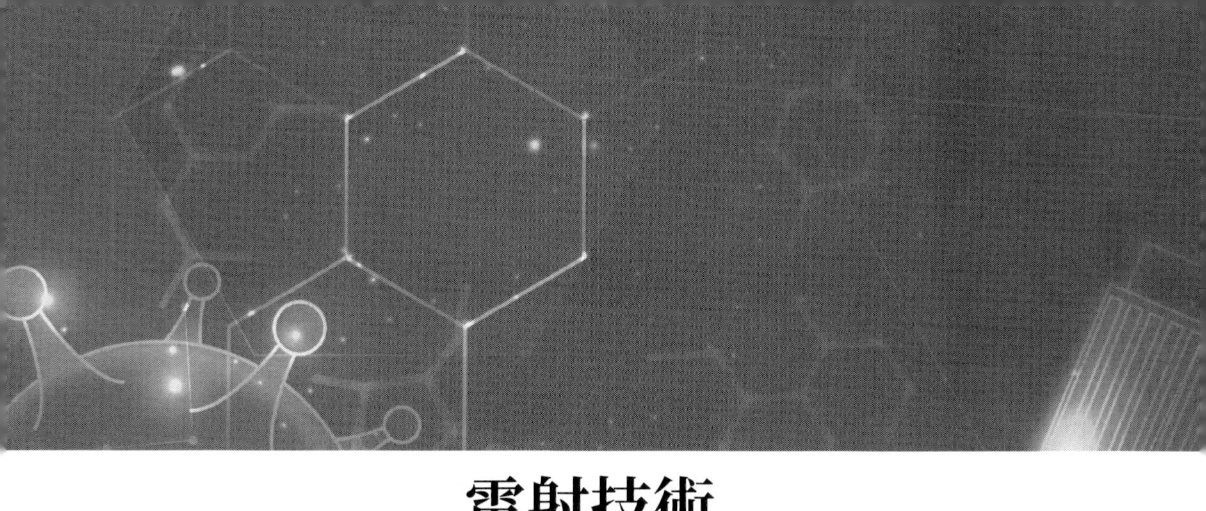

雷射技術

光的本質

西元 17 世紀初，在天文學和解剖學等相關學科的推動下，並伴隨著光學儀器的發明和製造，光學被卓越的科學探祕者開拓出了一塊醒目的空間。到 17 世紀末，光學已經成為了物理學的一個重要分支，是物理學中應用最為廣泛的一個部門。

關於光的本性問題，笛卡兒（René Descartes）在《方法論》中提出兩種假說。一種假說認為，光是類似於微粒的一種物質；另一種假說認為，光是一種以「乙太」為媒介的壓力。他的這兩種假說為後來的微粒說和波動說的爭論埋下了伏筆。

光的微粒說

17 世紀的牛頓認為：光是由一組彈性小球般的機械微粒組成的粒子流，發光物體連續向周圍空間發射高速直線飛行的光粒子流，一旦這些光粒子進入人的眼睛，衝擊視網膜，就會刺激視覺，這就是光的微粒說。牛頓用微粒說解釋了光的直進、反射和折射現象。

但是，微粒說並非「萬能」，它也有一些無法解釋的現象，比如：為什麼幾束在空間交叉的光線能彼此互不干擾的獨立前行？為什麼光線並不永遠走直線，而可以繞過障礙物邊緣拐彎傳播？等等現象。

光的波動說

和牛頓同時代的荷蘭物理學家惠更斯（Christiaan Huygens）提出了與微粒說相對立的波動說。惠更斯認為，光是一種機械波，由發光物體振動引起，依靠一種叫「乙太」的彈性媒質來傳播的現象。波動說不但解釋了幾束光線在空間相遇不發生干擾而獨立傳播，還解釋了光的反射和折射現象。但在解釋折射現象時，惠更斯假設光在水中的速度小於在空氣中的速度，這與牛頓的解釋正好相反。

儘管波動說能夠解釋不少光學現象，但由於它也很不完善，解釋不了人們最熟悉的光的直線前進和顏色的起源等問題。

19 世紀中葉，由於精確測出光在水中的傳播速度只有空氣中速度的 3/4，證明了波動說的正確性。波動說終於壓過微粒說，取得了穩固的地位。

復興的微粒說

19 世紀末，實驗證明，地球周圍根本不存在乙太物質。沒有乙太，光波和電磁波是怎樣傳播的呢？光電效應的發現，使微粒說再次揚眉吐氣。

光電效應，是指金屬在光的照射下從金屬表面釋放出電子的現象，所釋放的電子稱光電子。光電效應的發生只跟入射光的頻率有關，只要入射光的頻率足夠高，無論其強度多弱，一旦照射到金屬上，立刻就有光電子飛出。愛因斯坦運用光量子說 —— 全新意義上的微粒說，將光電效應解釋得清清楚楚。但是，愛因斯坦並未拋棄波動說，而是將兩者巧妙結合，並辨證指出：「光 —— 同時又是波，又是粒子，是連續的，又是不連續的。自然界喜歡矛盾……」

雷射和雷射器

雷射中文初譯為「鐳射」、「萊塞」，是其英文名 LASER 的音譯，意為「透過刺激，將發射光擴大」，它完全表達了製造雷射的主要過程。

雷射是西元 20 世紀以來繼原子能、電腦、半導體後人類的又一重大

發明，被稱為「最快的刀」、「最準的尺」、「最亮的光」和「奇異的雷射」。它的亮度為太陽光的 100 億倍。

它的原理早在 1916 年已被愛因斯坦發現，但直到 1958 年雷射才被首次成功製造。雷射是在有理論準備和實際應用迫切需求的背景下應運而生的，它一問世，就獲得了超乎尋常的飛快發展。

雷射亮度極高，雷射器發出的雷射集中在沿軸線方向的一個極小發射角內（僅 0.1 度左右），雷射的亮度就會比同功率的普通光源高出幾億倍。再加上雷射器能利用特殊技術，在瞬間輻射出巨大能量，當它匯聚於一點時，可產生幾百萬度，甚至幾千萬度的高溫；雷射顏色最純，雷射是理想的單色光源。如氦氖氣體雷射器，它射出的波長寬度不到一百億分之一微米，完全可以視為單一、無偏差的波長，是極純的單色光。

雷射定向發光，雷射是方向最一致、最集中的光。如果將雷射光束射向月球，它僅須花 1 秒鐘左右就能到達月球表面，並僅在那裡留下一個半徑為 2,000 公尺的光斑區。

雷射相干性極好，雷射也是一種相干光波，其波長、方向等都一致。常用相干長度來表示光的相干性，光源的相干長度越長，光的相干性越好。雷射的相干長度可達幾十公里。如將雷射用於精密測量，它的最大可測長度比普通單色光大 10 萬倍以上。

雷射的產生

光是一種電磁波，具有波的特性。其可見光的波長極短，不到 1 微米，頻率極高，以致人們無法感到它的波動。

光是原子、分子的運動產生的。改變分子和原子的能量狀態，會產生光振盪。如：氫原子只有一個電子圍繞原子核轉。電子在靠近原子核的軌道上運轉時，能量較小；在離原子核較遠的軌道上運轉時，能量較大。如把氫原子的一個電子刺激到能量大的較遠的軌道上，再把它拉回到原來軌道上，它便釋放出一個光子，這就是發光。要使氫原子發光，可用電離法。

原子發光的先決條件是需要受外界能量的激發，幾乎各種能量都可成為這種激發條件而轉化成光能。

雷射是原子、分子在一定方式激發下產生的受激輻射。梅曼實驗室中，世界第一臺雷射器射出的深紅色光束就是發自紅寶石中的受激發原子。

雷射機制

雷射是一種特殊的電磁波。1905 年，愛因斯坦提出光量子假說：光是由許許多多光子組成的，不同顏色的光由不同能量的光子組成。1916 年，愛因斯坦在《關於輻射的量子論》論文中提出，原子中的電子可以受「激發」而放出光子。這種受激輻射的過程就是產生雷射的基本物理原理。

受激輻射

原本處於高能級的原子，可在其他光子的激發或感應下，躍遷到低能級，同時發射出一個同樣能量的光子。由於這個過程是在外來光子的激發下產生的，所以稱為受激輻射。新產生的光子與外來光子具有完全相同的狀態，即頻率、波長、方向一樣。

只要產生一次受激輻射，就能使一個光子變成兩個光子，這兩個光子又會引起其他原子產生受激輻射，於是，在瞬間內激發出無數光子，實際上就將光放大了。在這種情況下，只要輔以必要設備，就可以形成具有完全相同頻率和相同方向的光子流，即為雷射。放大光的設備，即為雷射器。

雷射器

雷射器由發光物質（介質）、管狀共振腔和雷射源三部分組成。許多物質都可產生雷射，但不同物質產生的雷射在物理性能上是不同的。雷射器的工作方式，以發射出的雷射持續時間長短可分為連續、脈衝、巨脈衝和超短脈衝四種。

1953 年，美國物理學家湯斯（Charles Hard Townes）研發微波放大器。1960 年 9 月，雷射終於在美國年輕的物理學家梅曼（Theodore Maiman）手裡誕生。梅曼的雷射器中以一根人造紅寶石作為發光物質，以強光作為雷射源。紅寶石是一種人造晶體。當梅曼用氙燈的閃光照射紅寶石時，實驗室裡突然發射出一束深紅色光，其亮度達到太陽表面亮度的 4 倍。這束耀眼的光束就是雷射。

小知識 —— 干涉波

當用手將池中的水激起水波，並使這些水波的波峰與波峰相疊時，水波的起伏就會加劇，這種現象就叫干涉，能產生干涉現象的波叫干涉波。

雷射器種類

雷射器的種類很多，根據工作物質相態的不同可把所有的雷射器分為以下幾大類：

氣體雷射器

在氣體雷射器中，最常見的是氦氖雷射器。西元 1960 年，美國貝爾實驗室製成世界上第一臺氦氖雷射器。氦氖雷射器發出的光束方向性和單色性好，可連續工作，是當今使用最多的雷射器，主要用於全像攝影的精密測量、準直定位。

氬離子雷射器是氣體雷射器的另一種典型代表。它可以發出鮮豔的藍綠色光，可連續工作，輸出功率達 100 多瓦，該雷射器也是在可見光區域內輸出功率最高的一種雷射器。

由於人眼對藍綠色的反應很靈敏，眼底視網膜上的血紅素、葉黃素能吸收綠光，發出藍綠色鐳射的氬離子雷射器在眼科上用得最多。用氬離子雷射器進行眼科手術時，能迅速形成局部加熱，將視網膜上蛋白質變為凝膠狀態，因此它也成為焊接視網膜的理想光源。

氬離子雷射器發出的藍綠色鐳射還能深入海水層，而不被海水吸收，因此可以廣泛用於水下勘測作業。

液體雷射器

稱染料雷射器，該類雷射器的啟動物質是某些有機染料溶解在乙醇、甲醇或水等液體中形成的溶液。為了激發它們發射出雷射，通常採用高速閃光燈作雷射源，或由其他雷射器發出極短的光脈衝。液體雷射器發出的雷射通常用於光譜分析、雷射化學和其他科學研究。

化學雷射器

化學雷射器是用化學反應來產生雷射的。如氟原子和氫原子發生化學反應，能生成處於激發狀態的氟化氫分子。這樣，當兩種氣體迅速混合後，就會產生雷射，無需別的能量，就能直接從化學反應中獲得強大的光能。

該類雷射器較適合野外工作，或用於軍事目的，令人畏懼的死光武器即是應用化學雷射器的一項成果。

半導體雷射器

用半導體製成的雷射器，人稱砷化鎵半導體雷射器，體積僅火柴盒大小，是一種微型雷射器，輸出波長為人眼看不見的紅外線，在 0.8 ～ 0.9 微米之間。

由於該雷射器體積小，結構簡單，只要以適當強度的電流流通就有雷射射出，再加上輸出波長在紅外線光範圍內，所以保密性特別強，適用於飛機、軍艦和坦克。

固體雷射器

紅寶石雷射器即是固體雷射器的一種，早期的紅寶石雷射器採用普通光源作為激發源。激發的方式有多種，除了光激發外，還有放電激發、熱激發和化學激發等。

固體雷射器中常用的還有釔鋁石 \ 榴石雷射器，其工作物質是氧化鋁和氧化釔合成的晶體，並摻有氧化釹。雷射由晶體中的釹離子放出，是人眼看不見的紅外光，可連續工作，也可以用脈衝方式工作。

由於該種雷射器輸出功率較大，不僅適用於軍事，也廣泛用於工業。此外，釔鋁石榴石雷射器或液體雷射器中的染料雷射器對治療白內障和青光眼很有效果。

「隱身」雷射器

二氧化碳雷射器，可稱「隱身人」，它發出的雷射波長為 10.6 微米，「身」處紅外區，肉眼無法察覺，其工作方式有連續、脈衝兩種。連接方式產生的雷射功率可達 20 千瓦以上。脈衝方式產生的波長 10.6 微米雷射也是最強大的一種雷射，人們用它可以「打」出原子核中的中子。

毫米波

採用放電或利用強大的二氧化碳雷射作為激發源去激發氟甲烷、氨等氣體分子，逐步將發射出來的雷射波長延長、擴展。一開始僅幾十微米，後來達幾百微米，也就是亞毫米波了。1960 年代中期到 1970 年代中期，科學家根據雷射的原理和方法產生了毫米波。這樣，從光波到微波之間的空白地帶便被不斷發現的新紅外雷射填補了。

大氣對毫米波的吸收率很小，阻礙它傳播的影響也小，因此可用它作為新的大氣通訊工具。

染料雷射器

雷射器能變色，只要轉動一個雷射器上的旋鈕，就可以獲得紅、橙、黃、綠、青、藍、紫等各種顏色的雷射。

該種雷射器的工作物質是染料，如碳花青、若丹明和香豆素等。這些染料與氣體工作物質的氣體原子、離子結構不同；氣體產生的雷射有明確波長；而染料產生的雷射，波長範圍較廣（有多種色彩）。染料雷射器的光學共振腔中裝有一個稱為光柵的光學元件，透過它，可根據需求選擇雷射色彩。

染料雷射器的激發源是光泵，可用脈衝氙燈，也可用氮分子雷射器發出的雷射。用一種顏色的雷射作光泵，能產生其他顏色的雷射，是染料雷射器的特點之一。這種根據需求可隨時改變產生雷射的波長的雷射器，主要用於光譜學研究。

雷射武器

雷射出現後，人類用光作武器從幻想變成了現實。由於雷射的強度遠大於太陽強度，於是人們就想到利用雷射來製造武器。

- **死光**：γ 射線中的光子比可見光的光子能量要高出百萬倍，它對人體的穿透力比 X 光要強得多。一旦製成 γ 射線雷射器，它射出一束無形的強大 γ 射線光束照到人體上，就可以穿透人體的皮膚、肌肉，直達內臟，破壞肌體，致人死命，且不會落下痕跡。因此，把 γ 射線稱為「死光」可謂不虛其名。
- **雷射槍**：最早的雷射武器是雷射槍，用的是紅寶石雷射器。小巧的雷射槍外型和步槍差不多，重約 12 公斤。雷射槍射出的雷射「子彈」能燒傷敵人的眼睛，使敵人的衣服起火。但是，只要罩一層白布在身上，就可使雷射反射消散，雷射槍也就失效了。
- **雷射炮**：一種龐大的高功率雷射器，它射出強大的雷射光束能準確擊中目標。在國外，有人用功率達 1.5 萬瓦的二氧化碳雷射器產生的雷射擊落一架長 4.5 公尺、時速近 500 公里的遙控靶機，還用氟化氘雷射摧毀一枚正在高速飛行的 71A 型反坦克導彈。

  目前的雷射炮，其設備效率較低，代價高，裝置龐大，機動性差，在實戰中不比常規武器更有效。
- **雷射導彈**：洲際導彈多數帶有核彈頭，飛行速度每秒 5 公里以上。其爆炸力強，破壞範圍大，所以不能讓它在本國土上起爆，要在離本國土盡可能遠的地方攔截它。當敵方導彈發射後，先要發現它、監視它，並用電腦算出其運行軌跡，確定攔截方案，最後發射反洲際導彈對付它。整個過程關鍵在於發射反彈道導彈的速度要快，否則，敵方導彈已飛到本國土上空，再截擊它為時已晚。光速每秒達 30 萬公里，遠快於導彈，如能用雷射作攔截武器，即可贏得時間 —— 光武器可能是一種理想的反導彈武器。

小知識 —— 治療眼睛的雷射技術

雷射可以醫治多種難治的眼病，其中最拿手的是視網膜凝結術及虹膜穿孔術。所以，雷射眼科治療機也稱雷射視網膜凝結器。

人眼的視網膜是感受外來光線的視經組織，它緊貼於眼底。一旦視網膜發生病變，出現裂孔，眼球內的玻璃體就會通過該孔進入視網膜下，使視網膜逐漸剝離，病人的視力漸漸減退，直到喪失視力。發病初期，如果將裂孔封閉，就可能使視網膜的損傷得到治療，從而讓視力恢復正常。

早期的視網膜凝結器採用能焊接金屬的紅寶石雷射器。當然，要控制雷射脈衝的能量，雷射能量適中，光束射入眼內，聚焦在裂孔上，使裂孔周圍的蛋白質變為凝膠狀態，就能將裂孔封閉，達到治療目的。

虹膜穿孔術是用雷射在虹膜上穿一個孔，可以降低眼壓，用於治療閉角型青光眼。青光眼是一種可能造成病人失明的眼疾。不過，用紅寶石雷射做虹膜穿孔術時會引起虹膜出血，因此後來又改用氬離子雷射器發射的藍綠光來做穿孔術。由於微細血管吸收強的藍綠光後會凝結，用藍綠光做穿孔術可防止虹膜出血。現在，氬離子雷射眼科治療機已成為一種常用的眼科醫療設備。

雷射手術刀

利用雷射能量高度集中的特點，常用的二氧化碳雷射「刀」，刀刃就是雷射光束聚集起來的焦點，焦點可小到 0.1 毫米，焦點上的功率密度達每平方公分 10 萬瓦。這樣的光「刀」所到之處，無疑會有立竿見影的功效。

雷射刀輕快，用它做手術毫無機械撞擊；使用功率為 50 瓦的雷射刀，切開皮膚的速度為每秒鐘 10 公分左右，切縫深度約 1 毫米，與普通手術刀差不多。用雷射刀切骨頭，幾乎和切皮膚一樣快。

雷射對生物組織有熱凝固的效應，可以封閉切開的小血管，減少出血。比如，用雷射刀為病人治療口腔血管瘤，手術成功率就高達 98%。醫務工作者還用雷射刀成功對血管豐富的肝臟禁區進行過手術。

雷射封閉血管作用的大小和雷射的波長有關。釔鋁石榴石雷射器輸出雷射波長為 1.06 微米，凝血效果好；輸出雷射波長為 10.6 微米的二氧化碳雷射器效果就較差。氬離子雷射器發射的藍綠雷射，凝血效果比 1.06 微米的雷射還要好。但氬離子雷射的功率不如釔鋁石榴石雷射，因此深入出血禁區的手術，多用波長為 1.06 微米的雷射。

雷射刀構造

雷射刀的刀刃只是直徑為 0.1 毫米的一個小圓點，但刀體相當大。一般的二氧化碳雷射刀高近 2 公尺，長近 2 公尺，寬不到 1 公尺。釔鋁石榴石雷射刀要小一點，其主體是一臺雷射器，包括電源和控制臺。雷射器是固定的，要使雷射光束能按醫生的意圖傳到病人身上需要開刀的部位，還需要配置一套叫做光轉彎的導光系統。

導光系統是雷射刀的重要部分，輕巧、靈活。二氧化碳雷射刀通常使用導光關節臂。它由好幾節金屬管子組成，節與節之間成直角，可轉動，類似關節，光學反射鏡就裝在關節處，雷射光束透過反射鏡轉彎。釔鋁石榴石雷射刀和氬離子雷射刀除了用導光關節外，外面包著塑膠套，再包上金屬軟管，較柔軟，可自由彎曲。用光導纖維就比導光關節臂靈活、輕巧。

現在，凡是用手術刀做的手術，都能用雷射刀來做。有了光導纖維後，雷射還可鑽到人的肚子裡幫人治病。醫生將它和胃鏡配合使用，送到病人胃裡，如發現胃潰瘍出血，只要一開雷射，立即能使出血點凝固止血，無需開膛破肚，就可治好疾病。除了治療胃潰瘍外，雷射還可進入食道、氣管、腹腔，進行多種手術。

雷射刀治癌

雷射刀做惡性腫瘤的切除手術不僅可做到邊切開、邊止血、邊消毒，還可使癌細胞受到雷射的高強度照射後立即凝固、壞死，並化為青煙，即所謂腫瘤汽化。這樣，即可大大減少癌細胞擴散轉移的機會。但是，目前雷射刀防止癌細胞擴散的效果還不夠理想。

小知識 — 雷射針

雷射和針灸治療結合，就成為了雷射針。當然，這種雷射針不能用雷射刀那樣強的雷射，光針用的是小功率的氦氖雷射器。

氦氖雷射器發出的紅光透過一根細長光纖照到病人的穴位上，透過皮膚進入穴位毫無刺痛感。光針治療無痛、無菌、無暈針，對某些疾病來說，它跟銀針具有相同的療效。使用光針對軟組織發炎、失眠、小孩尿床等疾病療效極高，還可治療本態性高血壓、支氣管炎、氣喘等病。

光動力療法

光動力療法，就是先為人體病灶注射一些特殊的化學物質，使病灶對光照敏感，經過光敏處理後，再用光照使病灶產生水腫、壞死，從而達到治療疾病的目的。

西元 1960 年，美國利普森（Richard Lipson）研究成功一種稱為 HPD 的光敏感物質，該物質和癌細胞格外親近，碰到彼此即結成一團。將它注射到人體內，2 ～ 3 天後，正常組織中的 HPD 排泄出去，而癌腫組織內還大量存在，用短波長的光一照，能發出螢光。這就為醫生檢查病人是否罹患癌症提供了有力的診斷工具。

更進一步，用橘紅色光照射含有 HPD 的癌腫組織，HPD 發生化學反應，產生單原子氧，能使癌細胞組織壞死；而人體其他部分正常的細胞組織中 HPD 已排出，不會受到破壞。

從 1976 年開始，光敏技術治癌開始採用雷射光源，因為雷射的波長單純、功率大，療效也大大提高。藍紫色雷射能使 HPD 產生螢光，用以診斷癌症；橘紅色的雷射可使 HPD 產生化學反應，用它來照射病灶，可達到治療癌症的目的。

雷射電腦

西元 1986 年，美國的貝爾實驗室發明了用砷化鎵製成的光學開關，這種開關是用光脈衝來控制儀器工作或休息的裝置。1990 年 1 月底，貝爾實驗室向大眾展示了一臺用光脈衝來計算的實驗裝置。

以雷射為基礎的電腦可以廣泛用於執行某些新的任務，如預測天氣、氣候等複雜而多變的狀況；還可應用在電話傳輸上，因為電話訊號正逐步由光導纖維中的雷射光束來傳送，如果用光電腦處理這些訊號，就無需再從電話局裡將攜帶聲音的光脈衝轉變成電脈衝，經電腦處理後再轉換成光脈衝發送出去。也就是說，可以省掉光－電－光的轉換過程，直接將攜帶聲音訊號的光脈衝處理後發送出去，極大提高了傳送的效率。

光電腦善於進行大量運算，能高效、直接處理視覺形式、聲波形式，以及其他任何自然形式的資訊。此外，它還是識別和合成語言、圖畫和手勢的理想工具。如此一來，光電腦就能以最自然的形式進行人機對話和人機交流了。

全像攝影

全像攝影是一種記錄被攝物體反射波的振幅和相位等全部資訊的新型攝影技術。

全像攝影採用雷射作為照明光源，並將光源發出的光分為兩束：一束直接射向感光片，另一束經被攝物反射後再射向感光片。兩束光在感光片上疊加產生干涉，感光底片上各點的感光程度隨強度、兩束光的相位關係而不同。

全像攝影不僅記錄了物體上的反光強度，也記錄了相位資訊。一張全像攝影的圖片即使只剩下一小部分，仍可以重現全部的景物。

全像攝影可應用於工業上進行無損探傷、超聲全像、全像顯微鏡、全像攝影記憶體、全像電影和電視等許多方面。

全像攝影特性

全像照片只要改變一下觀察角度，就可看到該相片中物體的全面。因為全像技術能將物體的全部幾何特徵資訊都記錄在底片上。

全像攝影能窺一斑而知全貌。當全像照片被破壞，就算其被大半毀損，仍可從剩下的那一小半上看到這張全像照片上原有物體的全貌。

全像底片可分層記錄多幅全像照，而且在它們顯示畫面時互不干擾。正是這種分層記錄，使全像照片可以儲存巨大的資訊量。

全像拍攝原理

拍攝全像相片時，將一束發射出平面波的雷射和小顆粒反射出的球面波一起照到照相底片上。整個底片都受到光照，記錄下一組同心圓，同心圓間隔很小。底片被沖洗後，放回原來的位置，再用拍攝時那束發射出平面波的雷射，以拍攝時的角度照到底片上。這時，就可以看到原來放置微小顆粒的位置上有一個亮點。該亮點在空間，而不是在底片上，人們看到的光就像是從該亮點發出來的。因此，全像照片記錄下的不僅是一個亮點，還包含著亮點的空間位置，或者說記下從亮點發出的整個光波。所有的奧妙就在於這一束平行（平面波）雷射光束。這個雷射光束，人們稱之為參考光束。

雷射全像照的底片可以是特殊玻璃，也可是乳膠、晶體或熱塑性塑膠等。一小塊特殊玻璃，就可將一個大型圖書館的上百萬冊藏書內容全部儲存起來。

全像攝影的應用

大型全像圖既可展示轎車、衛星以及各種 3D 廣告，亦可採用脈衝全像術再現人物的肖像、結婚紀念照等。小型全像圖可以戴在頸項上形成美麗裝飾，它可以再現人們喜愛的動物，多彩的花朵與蝴蝶等。模壓彩虹全像圖既可成為生動的卡通片、賀卡、立體郵票，也可以作為防偽標識出現在商標、證件卡、銀行信用卡，甚至鈔票上。

雷射加工

利用高功率密度的雷射光束照射物體，使材料熔化、氣化，再進行穿孔、切割和焊接等特殊加工，就稱為雷射加工，英文簡稱 LBM。

雷射鑽孔機

雷射鑽孔機問世前，是電動鑽孔機或機床對各種機械零件鑽孔。但機械鑽孔不僅效率低，且鑽孔表面不夠光潔。

雷射鑽孔的原理，是利用雷射光束聚焦使金屬表面焦點溫度迅速上升，加溫可達每秒 100 萬℃。當熱量尚未發散前，光束已燒熔金屬，直至汽化，留下一個個小孔。雷射鑽孔不受加工材料的硬度和脆性的限制，且鑽孔速度飛快，快到可在幾千分之一秒，乃至幾百萬分之一秒內鑽出小孔。

雷射鑽孔還可用來加工手錶鑽石。它每秒鐘可鑽 20 ～ 30 個孔，效率比機械加工高幾百倍，且品質好。同時，雷射切割鑽的加工過程是非接觸式的，可在自動連接加工，或在無菌、真空等特殊環境中發揮作用。

雷射切割機

只要移動工件或移動雷射光束，使鑽出的孔洞連線，自然就能將材料切割下來。無論是什麼樣的材料，如鋼板、鈦板、陶瓷、石英、橡膠、塑膠、皮革、化纖、木材等，雷射如同一柄削鐵如泥的光劍，且其切割的邊緣非常平整。

雷射焊接機

雷射能用於焊接，是因為其功率密度很高。功率密度高，是指在每平方公分面積上能集中極高的能量。在工廠裡，通常用於焊接的乙炔火焰能將兩塊鋼板焊接，這種火焰的功率密度可達到每平方公分 1 千瓦；氬弧焊設備的功率密度更高，可達每平方公分 10 千瓦。但這兩種焊接火焰難以與雷射相比，雷射的功率密度不僅可焊接一般金屬材料，還可焊接又硬又脆的陶瓷。

雷射淬火

日常用的切菜刀，刀刃處就淬過火，淬火可以提高金屬材料的硬度。

傳統淬火法很簡單，先將刀刃燒紅，然後驟然浸到冷水裡，經過一熱一冷的處理，刀刃的硬度就可以大為提高，但傳統淬火效果未必理想。

雷射淬火是用雷射掃描刀具或零件中需要淬火的部分，使被掃描區域溫度升高，而未被掃描到的部位仍維持常溫。由於金屬散熱快，雷射光束剛掃過，這部分的溫度就驟然下降。降溫越快，硬度就越高。如果再對掃描過的部位噴射速冷劑，就能獲得比普通淬火大為理想的硬度。

雷射與印刷術

早在距今 900 多年前，中國畢昇發明了活字版印刷術。畢昇先在膠泥片上刻字，然後用火燒硬，使之成為活動泥字。當時畢昇也有排版工序：根據書稿檢出相應的活字，將它們字面朝上排在鐵板上。鐵板有框，便於固定活字，然後對鐵板稍加熱，使敷在活字表面的蠟層熔化，同時用平板壓平活字的字面。這樣，當蠟層冷凝，活字底部便黏在鐵板上，形成一顆大的「印章」。這顆大印章的字樣便由許多活字字面組成。只要在字面上蘸墨，就可在紙上印出字。

現代的印刷基本上沿襲了畢昇的作法，但在工藝上已有改進。首先，鉛字代替了泥字，還多了幾道工序，就是用鉛字組成大印章後，通常並不直接印書，而是用大印章先在硬紙上刻出字樣，形成紙型，然後把熔化的鉛水澆灌在紙型上，冷卻後便成為上面帶有字樣的鉛版，再將鉛版黏在印刷機上，蘸上印墨印書。

照相排版

從刻活字、排字、做紙型、灌鉛板，到最後上機器印刷，工序繁瑣。這種費時、費力的印刷業極待改進，於是照相排版便出現了。

照相排版原理是光學攝影。照相排版透過排字機上的透鏡，改變字樣的大小和形狀。用照相排版時，只需將光源通過透鏡將需要的文字、符號在感光相紙上成像，再經過顯影和定影就能形成照相底片。然後，只要像印照片那樣印刷就可以了。

照相排版可使用兩種光源 —— 普通光源和雷射。由於雷射亮度高，顏色純，可極大改善影像的清晰度，因此印刷的書籍品質也比較高。

雷射照相排版

雷射照相排版首先透過電腦將文字變成點，然後用點控制雷射掃描感光底片。也就是說，用雷射「撞」擊底片上的感光塗料，留下無數個對應點，這些點經由顯影、定影後，再重新變成文字、影像。在這裡，雷射光束等於電子束，感光底片等於電視機螢幕。接著，用載有文字、影像的底片就可去印書報雜誌了。

彩色電視機之所以能顯示紅、綠、藍三色，是因為螢幕塗有三色螢光粉，它們在電子撞擊下會顯現出三種顏色。雷射排版也可採用類似原理，印刷出優美的彩色畫面。

雷射指紋與防盜

在人類手指最末端一節的皮膚上，都有凹凸相間的紋路，這種紋路在長短、形狀、粗細和結構上因人而異，由此組成的花紋便帶有不同個性。

雷射技術

人的指紋各不相同，而且這種花紋終身不變，古今中外，歷來都公認指紋可作破案的依據。因此，在一些文件和契約上按指印與簽名有同等作用，警察也可根據指紋追捕罪犯。但在很多情況下，現場留下的指紋用肉眼或放大鏡難以辨識。如留在物體上的指紋被水浸泡很長時間，潛伏起來，這時就得用雷射讓它顯形了。

雷射和潛指紋

人的皮膚表面分布著許多汗腺，當人的手指接觸物體表面，從汗腺分泌的汗液就附著在物體表面，形成潛在指紋。通常情況下，指紋附在物體上的沉積物約 0.1 毫克，而且在這 0.1 毫克的沉積物中水分占 99%，它們會很快蒸發掉，留下的無機物和有機物約各占一半。

由於指紋殘留物太少，如果時間隔得太長，尤其是現場破壞嚴重，再加上風吹雨淋，常規的技術方法就難以下手。

如果用雷射照射物體，則仍可顯現出比較清楚的指紋。甚至那些已在水中浸泡了 10 年之久的木塊、塑膠、織物、玻璃等物，在進行一些必要技術處理後，用雷射照射，仍能顯現出指紋。

指紋鎖

指紋鎖是一種實用雷射防盜鎖，其原理是將主人家全體成員的指紋透過全像攝影的方法全部記錄於底片上，然後再儲存於全像鎖具當中。要開鎖時，先打開雷射器，讓雷射光束分別照射底片和手指上的指紋。如果兩者一致，鎖就會自動開啟；如果是陌生人的手指，指紋就與底片上不吻合，鎖不僅不會開啟，還會發出警報。

全像鎖特別適合要求安全性的部門使用，如檔案館、博物館、銀行、財務會計室及重要倉庫等。

雷射雷達

雷射雷達從 1.5 公里的高空探測地面，光束直徑僅 10 多公分，可分辨出地形高低變化；其次，雷射雷達輕巧，用卡車就可裝運，甚至幾個人就可抬走。雷射雷達可測量目標的速度等參數。雷射雷達還有良好的抗干擾性能，不受地面電波的干擾。

雷射雷達在宇宙航行中十分有用。宇宙空間沒有空氣，雷射光束不受影響；裝在太空飛行器中的雷達需要體積小，重量輕，耗能少，這符合雷射雷達的特長。目前已製成能追蹤太空船的雷射雷達精度高，可使在軌道上飛行的兩個太空飛行器準確接觸、會合。

由於雷射雷達光束的解析度高，不但能識別高樓、大山等龐然大物，還能發現電線桿、煙囪、電線等小目標。所以軍事上將雷射雷達做成避撞器，裝在低空飛行的戰鬥機和直升飛機上，以防止發生飛機碰撞。

有的雷射對大氣成分的變化敏感，科學家由此發明了探測大氣污染的測汙雷達。不同的污染物，由於分子結構不同，能吸收不同波長的雷射，雷射測汙雷達使用可調波長的雷射器，靈敏度高、分析速度快，改變雷射的波長，測量吸收量，能分辨出污染物的成分和含量。

雷射與工農業

地球上的生物離不開太陽的光和熱，如果沒有太陽，地球就會是一個死氣沉沉的大冰球。早在古代，就有人用光來控制植物生長，但在雷射出現之前，收效甚微。雷射問世後，進行了許多有成效的科學實驗。

紅寶石雷射來照蔬菜種子

最初，人們用紅寶石雷射照蔬菜種子；用氦氖雷射照水稻、小麥種子等。這些實驗都觀察到了效果。

用氬雷射器發出的藍綠光照水稻種子，水稻發芽早、長苗快。照後15天，比沒照過雷射的苗高出一倍，並開始分枝；用氦氖雷射器發出的紅光照射馬鈴薯1分鐘，可使其出苗提早一週；用雷射照黃瓜苗，反覆照射幾次後，黃瓜藤的雌花增加1.5倍，結出的瓜含糖量提高；照其他植物，效果也都很好，不是提高出苗率，就是多開花、結碩果。

植物的光合作用是一種快速、多次的化學反應過程，反應有三個階段，需要光照的階段很短促，因此，雷射只要在光反應時間內一掃而過即能大功告成。一臺雷射器可照射幾十畝，乃至幾百畝土地。

雷射培育新品種

利用遺傳特性，將雷射照射產生的優良變異傳承。雷射在防治農業病蟲害方面有優秀的表現，比如：雷射照種子能提高作物的抗病力；用雷射殺蟲，可直接殺死十多種害蟲，如皮蠹、桃蚜之類。這種殺蟲法不但無化學毒劑污染問題，還可清除一部分雜草，一舉兩得。

雷射測量工具

測量和計量被稱為「工業的眼睛」。利用雷射光束的直線性測距、瞄準、導向等，遠比雷達精確。雷射制導武器、雷射瞄準測距儀都已使用於戰場。在土木工程施工中，如挖掘隧道、鋪設地下管線等，讓隧道鑽掘機沿雷射光束指引的方向前進，可使隧道打得又準又直；用雷射光束作為準繩，對建造高層建築，裝配大型機器，監視水壩、橋樑的變形等都有很大幫助。

雷射還可用來測距離，測液體、氣體的流速，測轉速，測間隙，測細絲直徑，測鋼板厚度，測高電壓、大電流，測微粒大小，測材料表面品質，測材料的化學成分等。

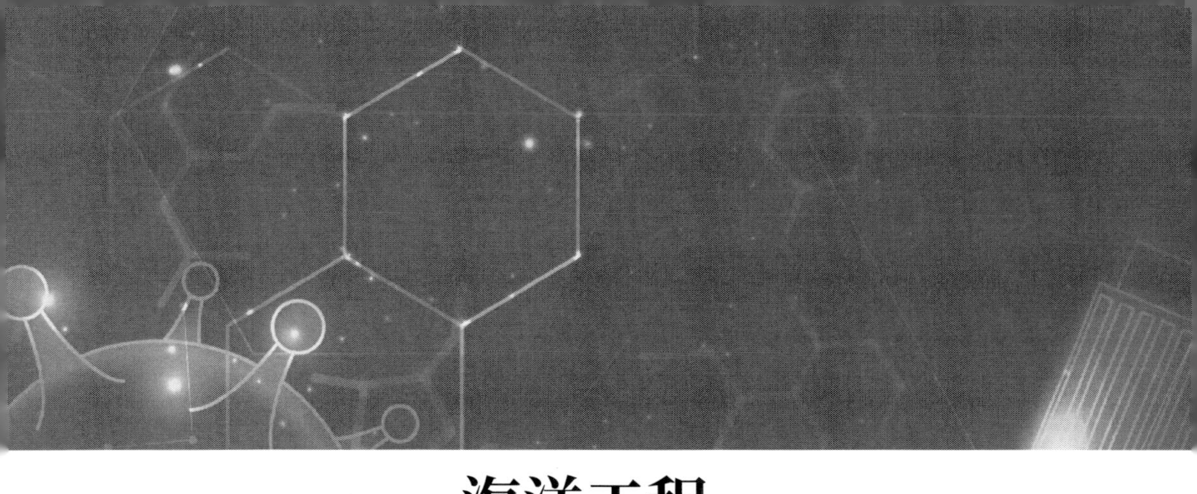

海洋工程

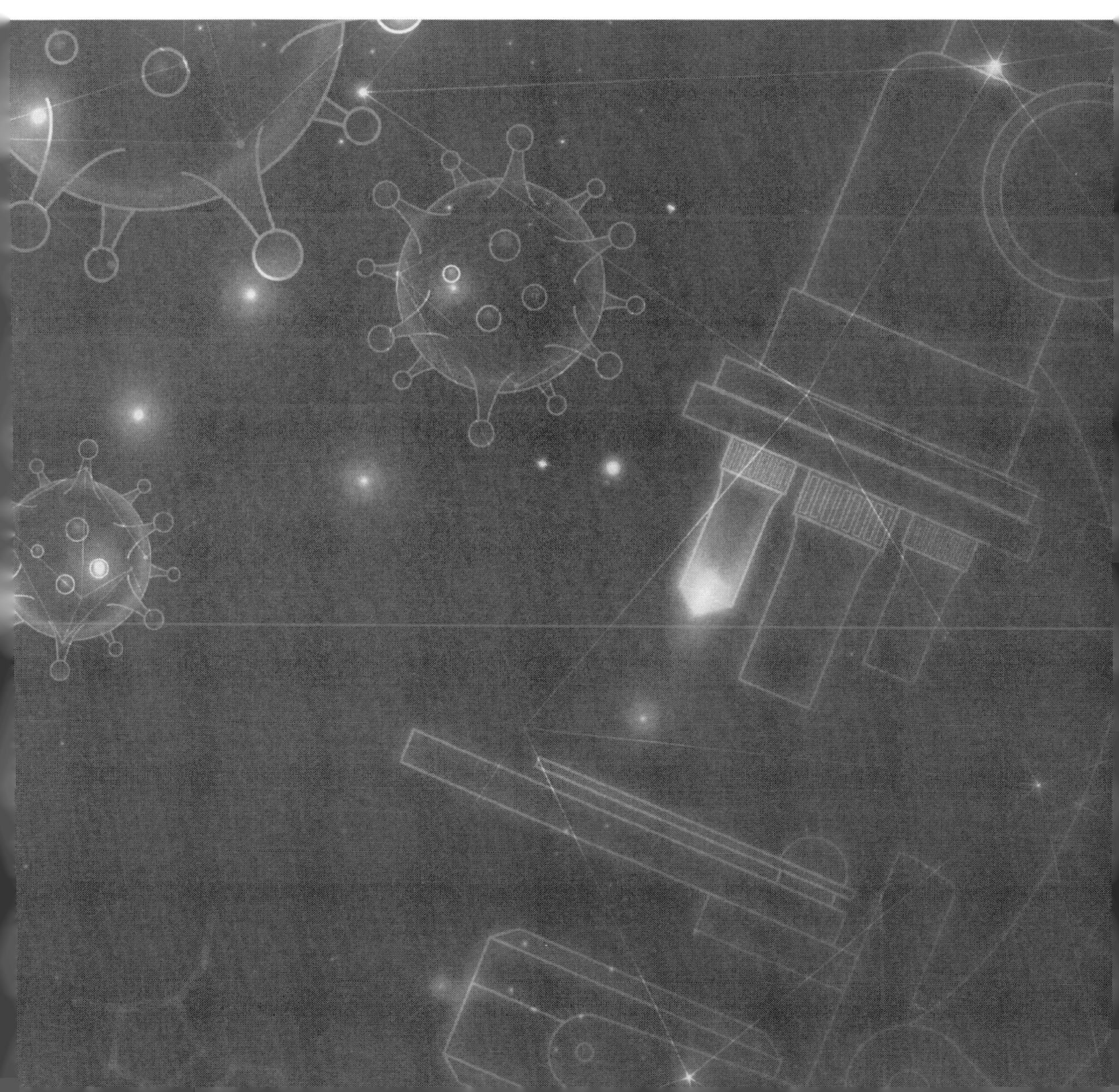

海洋的形成

海洋是怎樣形成的，人們一直探討了幾百年，關於海洋起源的科學假說也是多種多樣。因為人類是繼地球和海洋誕生之後才出現的，因此，人類對海洋的起源問題只能從已掌握的科學知識進行推測。

月球分出說

西元1879年，演化論創立者達爾文（Charles Darwin）的兒子喬治·達爾文（George Darwin）提出了一種形成大洋的「月球分出說」：在地球剛成形時，地球的自轉速度比現在快很多。由於太陽引力作用和地球的高速自轉，使部分地塊分出地球，被甩出的地塊在地球引力作用下繞著地球不停旋轉，後來便成為人們夜晚常看到的月亮。月球被甩出後，在地球上留下了一個大窟窿，逐漸演變成現今的太平洋。但是，這種假說遭到後來許多科學家的反對。

隕石說

法國學者 G·狄摩契爾提出新的太平洋成因假說 —— 「隕石說」。他認為，太平洋是由地球的另一顆衛星（其直徑比月球大 2 倍）墜落地面造成。該衛星衝開大陸的矽鋁層外殼，形成巨大的隕石坑；它還可能深入地球內核，引起地球的強烈膨脹和收縮，其結果不僅形成了太平洋，還使其他地殼破裂張開，形成大西洋等大洋。

隨著太空科學的發展，這個學說的研究重新興盛。但是，人們還是懷疑偶然的碰撞是否能形成占地球表面積 1/3 的巨大的太平洋盆地，因為，不管是地球或月球上的隕石坑，其規模都很小。

大陸漂移說

1910 年，德國地球物理學家韋格納（Alfred Wegener）發現，大洋兩邊的大陸具有相同的地質年代和古生物化石，在地層和地質構造等方面也存在相似之處。

經反覆研究，韋格納斷定，大西洋兩岸原本是連在一起的，分開只是後來的事。1912 年 1 月 6 日，他首次提出「大陸漂移說」。這個科學假說後來被許多科學家不斷完善，成為地球四大洋形成的最有說服力的一種學說。

大陸漂移說認為，在距今 2 億年前，地球上現有的大陸彼此連成一片，組成一塊原始大陸，或稱為盤古大陸。盤古大陸周圍是一片汪洋大海，稱為泛大洋。在距今 1.8 億年前，泛大陸開始分裂，漂移成南北兩大塊，南塊稱為岡瓦納大陸，包括南美洲、非洲、印巴次大陸、南極洲和澳洲；北塊稱為勞亞大陸，包括歐亞大陸和北美洲。

又經過上億年的演變，到了距今約 6,500 萬年前，盤古大陸進一步分裂並漂移，形成亞洲、非洲、歐洲、大洋洲、南美洲、北美洲和南極洲；泛大洋則完全解體，形成太平洋、大西洋、印度洋和北極海。

海底擴張說

1961年，美國科學家赫斯（Harry Hess）首次提出「海底擴張說」。

海底擴張說認為，洋底新地殼不斷形成，地幔裡的物質不斷從大洋中脊上的裂谷裡湧出，冷凝和充填在中脊的斷裂處，從而形成新的洋底。新海底不斷擴張，將年老的海底向兩側排擠，當被擠到海溝區時，便沉入地幔。

根據測量，海底擴張速度每年有幾公分，最快的每年可達 16 公分，這樣就使海底每隔 3 ～ 4 億年更新一次。這一海底擴張的過程被深海鑽探資料證實，同時從洋脊兩側岩石的磁性上也能得到證明。

板塊構造說

1968 年，法國學者勒皮雄（Xavier Le Pichon）提出「板塊構造說」。該學說認為，全球岩石圈並非一個整體，而是被一些活動構造帶所分割，分成了一些不連續的塊體，稱為板塊。勒皮雄將全球分為 6 大板塊：亞歐板塊、美洲板塊、非洲板塊、太平洋板塊、澳洲板塊（印度洋板塊）和南極洲板塊。這些板塊之間都存在著種種形態的漂移關係。

地殼的活動就由這些板塊相互作用引起，在板塊相互交接的地帶，地殼活動比較明顯，常會形成地震和火山爆發等現象。這些板塊還不斷進行著相對水平運動，當大洋板塊向大陸板塊運動時，板塊的邊緣便向下俯衝進入地幔；地幔將俯衝進來的地殼加溫、加壓和熔化，再運向洋脊底部，然後再上升。這正好與「海底擴張說」相吻合，在地幔的相對運動中，大陸確實「漂移」了，經過長久的一段時間，才形成今天地球上海陸分布狀況。

海水的來源

構成海洋的主要成分是水，在海洋形成時，海水從哪來？關於海水的來源眾說紛紜，但比較有代表性的有以下幾種觀點。

大氣圈、水圈密不可分：該觀點認為，在地球誕生初期，大氣圈和水圈是密不可分的，當時的水分呈氣態（水蒸氣）混於原始大氣中。隨著地球的不斷冷卻，地面溫度逐漸降低。於是，包圍地球的水蒸氣開始冷凝成小水滴。小水滴漂浮於空中，集結成雲霧，最後形成雨水降落。

據說，約 10 億年前，地球上不停降下大雨，這種降雨長達若干萬年。由於彼時尚未有生物，地球上寸草不生，因此，雨水便沖洗著山嶺，帶走泥沙和溶解物質，滾滾濁流奔向地球低窪之處，從而形成了原始的海洋。

源於岩石結晶水

該觀點認為，地球最初的水大部分以岩石結晶水形式存在於地球內部。地球誕生後的一段時期，地球很不安定，到處出現大地龜裂和火山爆發。於是，地球內部的水透過岩漿活動逐漸析出並匯集在地表，或透過火山活動將高溫水汽帶入大氣，然後凝結成雨降落到地表上，在洋盆內匯集成為海洋。

人們設想這兩種情況同時或先後存在過，經過億萬年的風雨雷電、山崩地陷、烈焰騰空、岩漿奔流，終於形成海洋。原始海洋略帶鹹味，後來由於大小水流在匯入海洋的路途上溶解了一些物質，從而增加了海水中所含的氯化物和硫酸鹽，使海洋變得又鹹又苦。

太空中由冰組成的小彗星

該觀點認為，地球上的水可能源自太空中由冰組成的小彗星。從人造衛星發回的數千張紫外線地球影像，可以看到圓盤狀的地球影像上總有一些小黑斑，每個小黑斑約存在 2 ～ 3 分鐘，面積約 2,000 平方公里。這些斑點由一些看不見的冰塊組成的小彗星落入地球外層大氣，破裂和融化成水蒸氣造成。

據估計，每分鐘就約有 20 顆平均直徑為 10 公尺的冰狀小彗星衝人地球大氣層，每顆小彗星約釋放 10 萬公斤水。地球的形成已經約有 40 多億年了，因此由這些小彗星不斷增加的水分足以形成現今遼闊的海洋。

小知識 —— 海洋生物技術

海洋生物技術興起於 1980 年代，是傳統海洋生物學的新興研究領域。目前，世界各國正在進行的海洋生物技術研究內容主要是以海洋生物為對象，綜合應用基因工程、細胞操作技術和細胞培養

等技術手段，進行海洋生物遺傳性改造，或生產對人們有用的海洋生物產品。

隨著神經生物學、海洋生態學、海洋工程學、電子學，以及遙測技術和深海探測技術不斷向海洋生物技術領域發展，並與之相結合，海洋生物技術的研究範圍將逐步拓寬。現在，人們正在研究的內容大致有三個方面：一是開發、生產和改造海洋生物天然產物，以便用作藥物、食品、新材料；二是改良海洋動物、植物遺傳特性，為海水養殖業提供具有生長快、品質高和抗病害特質的優良品種；三是培養具有特殊用途的「超級細菌」，用來清除海洋環境的污染，或者生產具有特定功能的物質。

海洋與生命

海洋在生命的形成過程中的作用舉足輕重。生命起源的基本條件有原始大氣、能源和原始海洋。

在生命發生與發展的進程中，從無機物到有機物，從無生命物質到有生命物質，從單細胞生物演化到高級動物……但無論現今的生命已進化到多麼高級的程度，它們生命的演化最初、最關鍵幾步都是在原始海洋裡進行。可以說，沒有海洋，就沒有生命。

有機物質

40 多億年前，地球上已有了海洋和大氣，但還沒有生命，僅是在原始星際的雲狀物中存在著碳、氫、氮等各種基礎元素，後來才出現了氧。這些無機物質經過複雜化合作用，產生有機物質，這就是生命最原始的胚胎。由於當時地球上氣候惡劣，還會遭到大量紫外線和宇宙射線的襲擊，因此，原始生命無法在地表生存，最後，它們在海洋中存活下來。

這些有機物質在混濁的海水中相互碰撞、聚合，形成原始蛋白質分子。又經過若干億年的演變，約 30 多億年前，其功能愈加複雜，結構更趨完善，形成了組成現代細胞的兩大物質 —— 蛋白質和核酸。

這些蛋白質和核酸構成的小顆粒，在海洋裡生長並將自己的身體分裂，由 1 個到 2 個、4 個、8 個……一代代傳遞，又經過億萬年，終於誕生了細菌。這是生命起源和發展過程中較高的階段，也是生命漫長演變歷史中的一個里程碑。

生命物質

約 30 億年前，海洋裡出現了藍綠藻，這些原始藻類含有光合色素，用陽光作能源，將水、二氧化碳和其他鹽類合成糖、澱粉和蛋白質等有機物，從而使生命的鎖鏈一環環連接起來。

在地球發展過程中，生命死後有些遺體被封閉在淤泥裡，後來淤泥被擠壓成岩石；古老的海底在地殼變動時，上升為陸地和高山，那些保存下來的屍體就以「化石」的模樣展現在顯微鏡下。

動物

在距今 5 億多年前，海洋原生動物十分活躍。這些原生動物能夠獨立活動，受到刺激能產生感應，牠們能伸出一些枝狀「小手」，捕捉食物或改變其移動路線。2 億年前，海洋一片繁榮，生命在它的懷抱裡繼續進化。

約在距今 4 億年前，藍綠藻首先登陸，之後，裸蕨植物、蕨類植物、裸子植物和被子植物相繼出現。這些植物的出現，為昔日荒山禿嶺的大地披上了綠裝，使各種微生物和昆蟲得到了活動場所。

距今 4 億年前，海洋裡出現一種無顎魚，是人類的老祖宗。牠們經過上萬年的繁衍，成為海洋的主人，以後，無論地球上發生何等劇烈的變化，總有一些無顎魚的後代適應了已改變的生活環境，並變換著自己的身體結構。距今 3 億年左右，這些無顎魚越過潮間帶爬上陸地，成為既可在陸地，又能回到海洋裡生存的兩棲動物。

隨著陸地上氧氣的增加，生物用來呼吸的肺開始變得完善。頑強的生命抵禦著各方侵襲，牠們終於度過兩棲階段，脫離海洋。距今 2.3 億年前的中生代，爬蟲類開始大量繁殖，到了 1.8 億年前的一段時間，地球可稱為爬蟲類的時代。此時，又出現了許多哺乳動物。又過了 1 億多年，哺乳動物成為陸地上的統治者。

此外，鳥類也由另一支原始爬蟲類演化而成，這些都為更高等生物的出現提供了恰當條件。

古猿

距今 800 萬年前，地球上出現了人類的祖先 —— 古猿，接著又出現了南猿、猿人。這些人類的遠古祖先，為了生存向自然界索取食物，從採集野果到捕捉小蟲，從野外打獵到馴養、培育動植物，腦和肌肉在演化中逐漸發達、健全，從而進化成為生物界和自然界的主人。

從生命的起源，到動植物的形成和登陸，直到人類出現，海洋在生物進化史上的功績顯著。因為海洋具備了生命生存和發展的必要條件，海水裡溶解著各種營養物質，如碳酸鹽、硝酸鹽、磷酸鹽和氧等，為生命提供了豐富的養分。海洋將那些原始生命納入懷抱，充足的海水使這些生命能夠進行新陳代謝，直到現在，水一直是生物必需的。海洋還可將陽光遮住，使生命在它的懷抱中免受強光殺傷；海水還吸收了陽光，使表層變得溫暖，使其懷中的「嬰兒」不會被凍死。海流和潮汐運動，還有助於生命種類的分布及種群繁衍。

總之，海洋是生命的真正搖籃，是一切生物進化的發源地。

海底真相

海底並不像人們想像得那樣平坦，它和人們所看到的陸地表面一樣，有高山、深溝，也有平原和丘陵。

海岸地帶

在海洋與陸地相接處，可以看到一段地面。當海水升高時，它被淹沒；海水退落後，它即露出，這條鑲在陸地邊緣的「帶子」被稱為海岸地帶。海岸地帶隨地形的不同而彎曲，形狀各異，寬窄不一，平坦處可寬達幾十公里，越是陡峭處，越窄細。在海浪拍打下，海岸帶也在悄悄改變著自己的形狀，而江河入海口泥沙的淤積，也會使海岸地帶產生變化。

大陸棚

越過海岸帶，出現了一片淺海區域，它如同大陸在海中的邊棚，緩緩延伸向海中。它的坡度通常在 1°左右，平均 1,000 公尺下降 1,500 公尺，水深通常在 200 公尺左右，該大陸在海洋中的延續部分稱為「大陸棚」。大陸棚的寬度不一，世界大陸棚的平均寬度為 7 萬公尺，面積約占海底總面積的 8%。在那裡，陽光充足，食物豐富，是水族棲息繁衍的好處所。

大陸坡

從大陸棚再往深處去，地勢突變，出現一個陡坡。從前，人們將這裡叫作「大陸坡」。比起大陸棚，這裡的傾斜度大大增加，平均坡度為 3°～6°，陡峭處可達 14°，少部分可達 20°以上。該處地形急轉直下，水深從幾百公尺急增到一公里以上；大陸坡的寬度通常為 15 ～ 80 公里，占海底總面積的 12%。

大陸坡底部也不再是熱鬧繁華的世界，深海水阻擋了陽光的透射，海底極其黑暗。這裡，植物已不可能生存，水族也明顯稀少，不再有大陸棚那種生機勃勃的景象。

海底峽谷

在大陸坡海底，就是海底峽谷。這些峽谷是一些長且窄的深溝，兩側谷壁幾乎陡立，峽谷的上部較寬，底部相當窄，呈 V 字形。多數海底峽谷源於大陸棚，貫穿整個大陸坡，由濁流造成。在暴風雨天氣下，巨浪將海岸的泥土打碎，把海底的泥沙攪起，使海水變得異常渾濁，渾濁的海水受到某種力量（如地滑）的推動，從而形成一股強大濁流。濁流的力量足以衝動數十噸的巨大石塊，當它沿大陸坡向下流動，會強烈沖刷著海底，從而形成海底的峽谷。

大陸基

從大陸坡再向下，是一片較平坦地區，這一海底叫做「大陸基」。其平均深度為 3,700 公尺，寬度為 100 ～ 1,000 公里。這一地帶就如同陸地的平原，而且比陸地平原更平坦。但這個平原由於海水太深，通常無生命存在。由於這個地帶好像給大陸鑲了一道寬寬的衣裾，因此又有人稱它為「大陸裾」。

大洋盆地

穿過大陸基，就到了深海區。該區域在海底所占面積最大，約占洋底面積的 75%，平均水深為 4,000 ～ 6,000 公尺。科學家們將這個深海區叫做「大洋盆地」。大洋盆地的大部分地區地勢平坦，但也有深裂的海溝、幾公里高的山脈和高原、狹長蜿蜒的海脊和一些突起的海山等。

廣闊的大洋盆地離陸地很遠，不再有江河帶來的泥沙，海底多是紅色深海沉積物，這是生物屍體和火山灰等物質在強大壓力下，經化學作用變成的紅黏土。

海底山脈

在大洋盆地，最吸引人的是海底山脈，這些海底山脈也叫海嶺或洋脊，是海底規模最大的構造，它們就如同萬里長城一般，貫穿著整個大洋。如大西洋底的山脈，它起自北冰洋，呈 S 形，向南延伸到南緯 40°，規模超過阿爾卑斯山或喜馬拉雅山。太平洋深海底部高聳著一條巨大的海底山脈，它從澳洲橫貫南太平洋到達智利，長達 1 萬多公里。印度洋海脊則呈「人」字形，其西南分支繞過非洲與大西洋海脊，其東南分支繞過大洋洲與南太平洋海脊相連。海底山脈繞遍全球。

海底寶藏

海洋簡直就是一個巨大的「聚寶盆」，人類不僅可以從中獲得陸地上所能獲得的一切自然資源，還可得到在陸地上所得不到的寶藏。

提起海洋資源，人們想到的可能是餐桌上品嘗到的魚、貝、蝦、蟹等，但這僅僅是海洋提供給人類的資源的極小部分。從資源分類的角度來認識海洋寶藏，大致有：生物資源、礦產資源、海水資源、海洋能源和海洋空間資源等。這些資源擇海而棲，與海共生，形成了一個富足的資源寶庫。

生物資源

海洋中的生物資源最先被人類了解和開發。據生物學家統計，海洋中約有 18 萬種動物和 2 萬多種植物，生物資源的主要用途是為人類提供高蛋白質的食品。

目前，海洋內經濟價值比較高的魚類有 400 多種，其中捕獲量最高的是鯷魚、鯡魚、鱈魚、石首魚、鯖魚、金槍魚和鰈魚等。可供食用的貝類和蝦、蟹等甲殼類約 100 多種，還有 70 多種藻類也可食用。這些海洋生物作為人類的食品，為人類提供了豐富的蛋白質和各種維生素。

海洋生物還是重要的藥物資源和工業原料。隨著海洋生物化學技術的發展，人們已發現 200 多種海藻含有各種維生素，有近 300 種海洋生物含有抗癌物質。目前，生物化學家們已能從海洋中分離出許多珍貴、療效高的藥物。另外，在海藻中還可分離和提取出碘、氮、鹿角菜膠和洋菜等原料。

礦產資源

海洋中有陸地上所有的各種礦產資源，且儲量非常豐富。海洋中的礦產資源種類很多，主要有石油、天然氣、煤、鐵、硫、錫石、岩鹽、鉀鹽、磷鈣石、海綠石、錳結核、多金屬軟泥等。這些礦產資源，對人類的生活及建設都具有很高的經濟價值，是相當重要的工業原料和物質財寶。在這些海洋礦產資源中，最具開採價值的是石油與天然氣、濱海礦砂和錳結核。

世界海洋中，光大陸棚的石油儲量就達 2,000 多億噸，如果將它們全部開發，按目前消耗計算，可供人類使用約 200 多年。

綿延萬里的海岸，還聚集著濱海砂礦，其中常見的礦物有鈮鐵礦、磁鐵礦、鈦鐵礦和鋯石等；還有很多稀有礦物，如金紅石、獨居石、黃金、金剛石、白鎢礦、黑鎢礦、錫石和鉑金礦等等。這些礦物是工業生產中不可或缺的金屬原料，如從金紅石中提取的鈦，是製造兵器、艦船和火箭必需原料；從鋯石中提取的鋯，已廣泛應用於各種機械及精密儀錶中；從獨居石中提取的釷，經加工可代替鈾作為原子能燃料。

在水深 2,000 ～ 6,000 公尺的大洋底部，還分布著一種被認為是錳、銅、鎳、鈷等金屬新來源的多金屬礦藏，其直徑通常為 1 毫米～ 20 公分，人稱「錳結核」。大洋底部錳結核的總儲量多達 3 萬億噸，僅太平洋底就有 1 萬多億噸。這 1 萬多億噸錳結核中，含錳 4,400 億噸，為陸地的 67 倍；含鎳 164 億噸，為陸地的 273 倍；含銅 88 億噸，為陸地的 21 倍；含鈷 58 億噸，為陸地的 967 倍。

海水資源

海水是一種用之不竭的資源。據估計，總量約 13.7 億立方公里的海水中含有豐富的化學資源，如每 1 立方公里的海水含 3,750 萬噸固體無機物。海水中鈾的總量達 50 億噸；海水中氘、氚的含量也同樣驚人，如將它們的總能量折算成石油，將比現存海水的總體積還多；海水中還含有約 550 萬噸的黃金，約 5,500 萬噸的銀，約 137 億噸的鋅，約 27 億噸的鋇，約 550 兆噸的鉀，約 560 兆噸的鈣，約 1,767 兆噸的鎂，等等。

海洋元素

地球上 99%的溴都在海水中，因此人們稱溴為「海洋元素」，從海水中提取的溴可用於照像、醫藥、農藥、塑膠及某些合成纖維的耐燃劑、滅火劑等。鎂也是海水中含量較高的金屬元素，每 800 噸海水就可提取出 1 噸金屬鎂，它可用於耐火材料和橡膠工業，也可滿足冶金工業特殊需求。海水中鈾的總儲量是陸地儲量的 1,000 倍，而鈾的同位素又是核分裂反應堆最主要的原料。至於從海水中提取的鹽，就更是人類生活必不可少的東西了。

隨著海水淡化技術的進步，海洋將成為人類最大、最重要的「水源地」，用之不盡的海水將為人類提供源源不斷的淡水資源，以滿足我們生活和建設的需求。

能源基地

從海洋當中，人類可以獲得所需要的更多能源。「海洋能」是指海洋本身所具有的能量，即蘊藏在海水中的可再生能源。這些能源主要指海水溫差能、波浪能、潮汐能、海流能和鹽差能等。在這些能源中，波浪能、潮汐能和海流能屬於機械能，溫差能屬於熱能，而鹽差能則屬於化學能。

據估計，全球海洋中的波浪能儲藏量為 700 億千瓦，實際可利用達 30 億千瓦；潮汐能的儲藏量為 3,000 億千瓦，可開發利用的達 1,400 ～ 1,800 億千瓦。全球海洋的溫差能儲藏量為 500 億千瓦，可利用的達 20 億千瓦。鹽差能蘊藏量有 26 億千瓦。

海面空間為人類提供了互相交流的通道，為海洋運輸業提供了便利。除海洋運輸外，人類還充分利用海洋空間資源解決土地危機。

探測海洋

西元 19 世紀，所有的陸地和海洋基本上都已被發現，探險時代宣告結束。這些目的不同的各種遠洋航行及探險活動促進了人們對海洋的大小、深淺、洋流和風浪的認識，並開拓了新的航道，發展了造船技術，從而也為海洋科學調查和海洋探測奠定了基礎。

海洋探測

人類海洋探測活動始於距今 150 年前英國「挑戰者」號的科學考察航行。該次大規模探險工作在英國政府的主持下進行。作為一次規模空前的海洋探測活動，這次航行是海洋探險時代的結束和科學調查、探測時代開始的標誌。此後，各國競相建造海洋調查船，改進並發明許多精密的科學探測技術。

1960 年代以來，海洋調查與探測進入新時期，其顯著特點是海洋調查開始從基礎科學研究轉向海洋開發研究。同時，海洋觀測技術發生了根本性的變化，開始在海洋觀測中使用飛機、衛星、潛水器、深海鑽探船等，並引進電腦技術，從而能夠從整體上主動觀測海洋。

1960 年，美國發射了第一顆氣象衛星。1978 年，美國發射了第一顆海洋衛星，將海洋觀測技術從海洋表面的局部觀測，轉向從空間進行全面的整體調查，使對海洋的監測、預報成為可能。1978 年，美國海軍成功下潛到世界大洋的最深處太平洋的馬里亞納海溝，證明人類已經有能力征服海洋。

目前，海洋調查中已廣泛應用遙測、遙控、水聲、深潛、浮標、電腦等尖端技術，海洋探測正向海面、空間、海底立體化的方向發展。

原始探測

人類最早用樹棍、竹竿來測量水深，後來又發展為用繩索測量水深。16 世紀，葡萄牙人麥哲倫（Ferdinand Magellan）做出了最早的深海測深報告。他率領船隊航行到南太平洋的土亞莫土群島，將拴有墜子的 10 根纜繩（每根約 700 公尺）接起來探測海深，但未到底，於是麥哲倫宣稱，彼處是世界海洋最深的地方，後來實測該處海深 5,000 公尺。

用纜繩測量海洋深度，所測數字通常比實際深度大。因為裝上墜子的纜繩放進深海後，由於中下層海流的作用，纜繩變成弓形，導致墜子碰到海底時，所放纜繩長度比實際深度大得多。

後來，美國人威克斯船長和丹納博士改用銅索作為測量繩。

在這期間，還出現其他測深法，如化學管測深法：首先將一支玻璃管內壁塗上紅色物質鉻酸銀，然後用拴有重錘的測量繩帶著這支玻璃管沉入海中。入水後，海水從開口處湧入管內。海水與管壁的鉻酸銀產生反應，生成白色氯化銀。海水越深，壓力越大，進入玻璃管內的海水就越多，由此可測得海底的最大水壓，然後根據物理學上的定律、公式，很容易由水的氣壓算出海水深度。

在西元 1920 年前，用繩索測量海深是人們常用的主要探測法。這種原始探測手段，直到近幾十年才被更先進的方法替代。

聲波探測

一戰期間，德國潛水艇發揮極大威力。為能夠探測到德國潛水艇的位置，英、法國等國家的科學家們做了長時間的研究。法國科學家朗之萬（Paul Langevin）發明用聲波探測潛水艇的方法，即向水中發射聲波，並檢查反射聲波，從而捕捉敵人的潛水艇。

回音

回音是人們發展出來的音響測深法，以此測量海洋的深度和海底地形。

當人們向著山丘或高大建築物高聲喊叫時，聲音會在碰到它們後反射回來，稱為「回音」。聲音在水中的傳播性能和速度比在空氣中傳播得要好、要快。聲音在空氣中的傳播速度是每秒 340 公尺，在 0℃水中為 1.5 公里。此外，聲波在水中的衰減比在空氣中小，因此，聲音在水中比在空氣中傳播得更遠。

聲音在水中遇到障礙物後，也會反射回來。這樣，根據聲波在水中的傳播速度，只要測出聲音從船上發射再反射到船上的時間，就能知道海深。

聲納

聲納就是人們利用聲波能量進行水下觀測和通訊的一種儀器。聲波在海水裡並非直線傳播，不同水域、水深以及不同障礙物或海底地形，都會對聲音的傳播產生影響。聲納正是基於這點，透過回收不同的「回音」來探測海水的不同介面、海洋深度以及海底地形等。

聲納基本上可分為兩種：一種可稱為主動聲納，能發射聲波，遇到目標時，會產生回音。聲納裡裝有能感受聲音的裝置，這樣，聲納就可接收這種回音，並加以處理，然後在顯示器上顯示出目標的方位、大小及形狀。有的還能根據回音大小確定目標的遠近。另一種可稱為被動聲納，該種聲納無法發射聲波，只能接收目標發出的噪音，然後加以處理並將結果顯示出來。

按照聲納安裝的位置區分，聲納還可分為艦艇載、飛機載和固定式三種。

多波束回音測深儀

多波束回音測深儀可發射多束聲波，而其接收裝置會將反射回來的每一束聲波都單獨接收，經過儀器內部的處理裝置，就會得出多束聲波所接觸的海底深度。這樣，再經由與之相接的電腦處理，即可繪製出較大區域的海底地形圖。

海洋觀測

海洋觀測儀器是海洋調查工具，海洋調查也是海洋開發和海洋科學研究的基礎。沒有高精度、高速穩定可靠的海洋儀器，就難以為海洋開發和海洋學研究提供準確的材料。

遙測

遠距離、不接觸探測目標發射或反射的某種能量（如電磁波、聲波），並能把探測目標轉換成人們容易識別和分析的影像和訊號，以此弄清目標的性質和特點，這個過程被稱為遙測。

遙測的最明顯的特點，是不用接觸目標、遠距離探測。遙測所用的設備和儀器，稱為遙測或遙測儀器、遙測設備。

遙測儀器分類：根據探測結果劃分，將得到像照片結果的遙測器稱為成像遙測器；把僅憑藉感覺溫度、聲音、深淺等物理量的高低、大小來區分目標的遙測器，稱為非成像遙測器。

根據遙測器外部發射能量的目標進行分類，把能發射能量並接收目標反射回波的遙測器稱為主動遙測器；把不發射能量，只接收目標反射的能量或目標本身輻射的能量遙測器稱為被動遙測器。

根據遙測器探測物理量的不同來分類，以探測聲音區分目標的稱為聲學遙測器；以電磁波區分目標的稱為光電遙測器。

航空遙測

自從西元 1950 年以來，航空遙測作為海洋環境調查和海洋開發的有效手段受到了許多國家的關注，並與衛星、調查船、浮標、潛水器等一起列入多數國家的發展規劃。通常航空遙測飛機的飛行高度在 10,000 公尺左右，一張航空照片覆蓋地面面積為 10 ～ 30 平方公里，探測一遍全球表面需十幾年時間。

航空海洋遙測技術在世界範圍內取得了較大進展，並在氣象和海洋領域開始廣泛應用。遙測飛機各種類型多樣，如氣象研究儀、海洋學觀測儀、海洋磁測儀、攝影測量儀、地質調查儀、綜合研究儀等。

航太海洋遙測

以人造衛星為觀測平臺的航太海洋遙測，所覆蓋的面積可達 3.4 萬平方公里，每 18 天就可覆蓋全球一遍，卓越性顯而易見。

1978 年，美國發射海洋衛星「西塞 -A」，重 2,200 公斤，由一個 33.3 公尺長的火箭把它帶到地表 805 公里的高空，其感測器可觀測海流、潮汐、波浪、海面溫度、風暴、冰況及海岸現象等。這些資訊被傳送到地面，經加工處理後就可以被人們研究使用。

「西塞 -A」號衛星工作時間為 1 年，每天繞地球 14 圈，其感測器 6 小時掃描（即探測）一次，掃描面積包括世界 95%的海洋。國外認為，該海洋衛星開創了「海洋科學發展的新紀元」，揭開了「海洋研究的新篇章」。

潛水類型

古代住在海邊的人們為了捕撈魚、貝和海產品，常要赤身、屏氣、不採用任何裝具潛入水中，然後回到海面換氣休息，這種潛水方法被稱為裸潛。該方法傳至現在，許多沿海漁民仍在使用；另外，它還是一種潛水體育運動。

這種潛水法由於無法在水下呼吸，因而潛水時間有限。2,000 多年前，人們從大象過河中得到了啟示：大象過河時，整個身體都浸沒在水裡，唯有象鼻子伸出水面，自由呼吸，於是發明了呼吸管潛水法。

呼吸管潛水

最早用的呼吸管用蘆葦製成。潛水者將呼吸管的一端含在嘴裡，另一端露出水面。這樣，潛水者在水下就可呼吸到新鮮空氣，延長了潛水時間。後來，人們又發明了水面通氣管式潛水服。這種潛水服用皮帶紮緊在身上，頭罩頂部用一根通氣管與水面相通。這樣，潛水夫不但能呼吸到新鮮空氣，潛水夫的雙手也得到了解放，可以打撈海產品和進行各種水下作業。此外，還將兩個動物的膀胱浮在水面上，以便和水面保持連繫。該方法在 500 年前被廣泛應用。

呼吸管潛水只適用於淺水中，局限性很大。因為人在水上呼吸的空氣是 1 個大氣壓；水下越深，氣壓越高。每下潛約 2 公尺，人身上就要多承受 1/10 個大氣壓。

重潛水裝

200 多年前，英國人發明了木製潛水頭盔、金屬潛水頭盔和裝甲潛水服，並在水面上用風箱或按壓式壓氣機為潛水頭盔提供壓縮空氣。這是最原始的通風式潛水裝具。

後來，人們對這種潛水裝具進行了改良。在金屬頭盔上有一個透明觀察窗，把金屬頭盔和潛水服連接在一起，頭盔裡設置排氣閥，使頭盔裡面的氣體保持一定壓力，並可自動向外排放一部分呼吸氣體，供氣採用了雙缸按壓式壓氣機。潛水服設計得更能防水保暖。這種潛水裝既大又笨重，人稱重潛水裝具，相應的潛水方法叫重潛水。

這種潛水在早期的下潛深度有一定局限。當時它的極限下潛深度為 60 ～ 70 公尺。

輕裝潛水

五六十年前，法國海洋學家創造了自動供氣的水下呼吸器，人稱「水肺」。這種水肺主要由呼吸面罩、呼吸囊、二氧化碳吸收器、閥門、管道及高壓氣瓶組成。潛水夫潛水時，將高壓氣瓶背在身後就可供氣。附屬設備有潛水服、腳蹼等。該潛水方法稱為輕潛水，也叫自攜式潛水。

後來又出現了「電子肺」，是一種新型水下呼吸器，由微型電腦來控制。它可以隨下潛深度的變化自動控制人工混合氣體成分，以適應人體在不同深度下的生理需求。

飽和潛水

人如果在高壓下逗留到一定時間，其血液組織裡滲入的氣體就會達到飽和程度。從這一程度起，只要壓力不變，即使再增加停留時間，血液和組織裡的氣體含量也不會改變。

正如一隻盛滿水的杯子，它的含量達到極限，再加一滴都不行，無論再注水多長時間，效果總是一樣。根據這個發現，潛水夫在海洋的某個深度工作一段時間後，就不必匆忙回到海面上來減壓，而是大可繼續在海水中待下去，直到工作完成後再返回海面減壓即可。這種潛水方法稱為「飽和潛水」。

飽和潛水使潛水作業時間增加了，潛水工作效率也大大提高。飽和潛水的作業系統主要有下列三種類型：甲板加壓艙系統、水下居住艙系統和出入式深潛器系統，它們都可以把潛水夫送到海中進行長時間的工作。

微型單人深潛器

深潛器的主體部分是由兩個透明的丙稀塑膠半球組成的密封艙，附帶小巧的高能蓄電池箱及兩隻機械手。它裝有 4 個小型電動機，4 個螺旋槳控制著它的前進、後退、上升、下潛。球形艙裡無複雜儀錶，僅有一張舒適的沙發椅，所有操縱機關都裝在沙發扶手上。球形艙有 5 英寸厚的堅固外殼，配有艇上照明燈，有和岸上進行通話聯繫的無線電通訊系統。

微型單人深潛器又稱「深海旅遊者」，其潛水深度已達 1,100 公尺。它的兩隻機械手能從海底抓起 200 磅重物。機械手的「手指」上裝有靈敏度極高的觸覺感測器，抓住物體後，感測器能將所抓住物體的硬度和質地、抓握的鬆緊程度透過聲音報告給艙裡的工作人員。

小知識 —— 海洋機器人

美國最早研發世界上第一個設有通訊設備、能獨立工作的海底機器人，並將其稱為「虎鯨」。它有 5 臺微處理器，有裝有 5,000 張底片的自動攝影機，有非常完善的聲納裝置聲脈衝發送器、頻閃器及感測器等設施。

該機器人重 2.9 噸，不需海面工作人員指導行動。但如果遇到障礙物、攝影機失靈或電路中斷等情況，它還是得與海面聯繫。因此，該機器人在水下工作時，每隔 10 秒鐘就會向工作船報告其行蹤及工作狀態。這些報告都顯示在工作船的示波器上，工作船上的人員可隨時了解機器人工作的深度、方向、水溫及引擎工作狀況。必要時，工作船還可發出控制指令，如引擎、攝影機和答錄機的關閉、鎮重塊的釋放等。

該機器人潛水達 130 多次，最深處到達海底 5,300 公尺；曾在幾百平方英里的太平洋洋底拍下全部海底地形圖；探察過義大利海岸附近的海底火山概貌。

後來，日本出現了海洋氣象觀測機器人。海洋觀測機器人系統由海上浮標氣象觀測站和地面無線電接收中心組成。它能在環境惡劣的大洋上全年無人化作業，並及時向地面通報觀測和搜集到的氣象資料。機器人的電源由空氣溼電池和強鹼蓄電池聯合提供。

該機器人每 3 小時自動通報一次觀測情況，主要觀測風向、風速、氣壓、氣溫、日照量、水溫（分水深 3 公尺、20 公尺、50 公尺）、含鹽量、流向、流速和波浪等。它先將觀測到的氣象和海況資料轉換成無線電波，之後透過無線電裝置自動發送出去。機器人發出的電波由設在地面的無線電接收中心接收，然後再輸入資訊轉換系統通報給相關部門。

海水淡化

海水中平均含有3.5%的鹽分，無法使用。人喝了海水，會渴上加渴，導致人體脫水；用海水澆灌農作物，農作物會鹹死；有些靠海的淺灘地常由於海水的浸漬而變為鹽地，幾乎寸草不生。由於海水含有大量的礦物鹽類，不合純度要求，如果用來燒鍋爐，還會生成厚厚的鍋垢，損壞鍋爐。因此，使海水淡化，是解決以上許多問題的方法。

蒸發法

蒸發法是海水淡化的最簡單方法之一，就是將海水加熱蒸發，再將水蒸氣冷卻，提取淡水。太陽能蒸餾淡化裝置就是採用該方法進行的。

太陽能蒸餾淡化的裝置如同一座座矮小的房子，屋頂用玻璃或透明塑膠板組成，便於陽光通過照射在海水上。海水受熱蒸發，水蒸氣上升後，碰到玻璃會凝結成水滴，收集到兩旁的淡水槽中。

多級閃化法

目前，世界上90%的海水淡化裝置由多級閃化法生產。多級閃化法是為加熱了的海水施加高壓，然後突然降壓，使水瞬間蒸發的方法。多級，是把許多蒸餾器串聯起來，讓壓力下降幾次使水蒸發。

離子交換法

用離子交換樹脂使海水淡化的方法叫離子交換法，該方法適合海洋上的遇難人員應急之用。

電滲析法

電滲析法就是在海水淡化裝置中插入兩根電極，在兩極之間放入一種特殊的薄膜。這樣就把海水淡化裝置隔成三室，分別是陽極室、陰極室和中間室。當接通電源後，海水中的鹽分會向兩個電極「靠」去，使兩個極室的海水越來越濃，而中間室的海水被逐漸淡化。

反滲透法

自然界有一種膜，它只能通過水分子，無法通過其他物質，這種膜叫做半透膜。動植物的細胞膜都是半透膜，如乾大豆放在水中浸泡後會膨脹，就是由於水透過細胞向乾果內部滲透的結果。

利用半透膜可淡化海水，該方法稱為反滲透法，用人造半透膜把水和海水分開。海水是鹽水溶液，水分子會透過膜滲透到海水中，使海水稀釋，並產生一種壓力，稱為滲透壓。然後，向海水加一個壓力，大於滲透壓，這時，海水中的水分子就會被擠出海水，透過半透膜到純水這邊來。反滲透法脫鹽效率高。

海洋醫庫

中國有漫長的海岸線，古代沿海居民在長期與海洋打交道的過程中，累積了豐富的使用海洋藥材的經驗，他們用墨魚止血、黃魚膠治皮膚開裂、海星灰治胃痛、鮑魚殼治高血壓等。

在中國古典醫藥文獻記載中，也有許多海洋藥物，如海龍、海馬滋補強身，海帶治缺碘的甲狀腺腫大，等等。中國是世界上最早廣泛應用海洋藥物的國家，但由於科技不發達，僅停留在經驗上。

隨著科學技術的進步，尤其是海洋工程技術的發展，人類才真正、全面開始重視海洋藥物。

頭孢菌素

西元 1928 年，英國醫生、生理學家弗萊明（Alexander Fleming）發現盤尼西林，即青黴素。

青黴素是人類發現的第一種抗生素，從 1943 年開始生產以來挽救了眾多生命。現在，青黴素已被抗菌範圍更廣、殺菌力更強且沒有抗藥性的頭孢黴素取代。頭孢黴素是科學家從近海污水中的一種微生物頂頭孢菌中製取的。

醫生在醫療中，常使用抗生素防治由微生物引起的疾病。科學家已從 230 種海藻中抽製了各種抗生素，藥用廣泛。

鱟

在海洋中有一種節肢動物：鱟。牠在 4 億年前就已出現，是和細菌最早共處、而未受細菌侵害的古老生物。鱟具有極強的免疫能力。經研究發現，鱟渾身是藥，肉能治痔瘡、殺蟲；用牠的血液製成鱟試劑，在醫學上用於臨床快速診斷腦膜炎、肝硬化等疾病；鱟的血蛋白還可提取血凝素，檢測人體的免疫功能。

章魚

海洋中有一種長著 8 條手臂、力大無比的動物 —— 章魚。牠屬於軟體動物，那 8 條長長的手臂叫做腕足。腕足不是游泳器官，而是用於在海底爬行和攫取食物的。大型章魚常會揮舞腕足與一些凶猛魚類搏鬥，且往往是勝利者。

章魚在捕食貝類時，會吐出一種有毒的分泌液，使貝類先麻痹，然後將貝類消化掉。科學家就從章魚體中提取出這種毒素，注射到脊椎動物的身體內，結果發現會引起動物明顯的血管擴張和血壓降低。

海蛇

人們歷來認為最可怕的是鯊魚，其實，海蛇才是最可怕的動物。

海蛇的毒性比眼鏡蛇要強許多倍，因此，海蛇是非常珍貴的藥材，有祛風止痛、活血通絡的功效。在 1960 年代後期，科學家將海蛇毒用於治療缺血性腦血栓和心肌梗塞，療效顯著。

河豚

河豚魚的肉味異常鮮美，但牠的卵巢、血液和肝臟有劇毒。從河豚身上提取的河豚毒素在醫學上是一種良好的局部麻醉劑，只需要極微小的一點即可見效，牠的鎮靜作用是古柯鹼的幾千倍。

海葵

在淺海底岩石縫隙中，生活著海葵。海葵是人類做藥的原料，海葵製的藥物可治療寄生蟲病害，另外牠還能治療皮癬；從某些海葵中能提取出抗凝血劑，有一些海葵的提取物可治白血病，海葵體內還有一種物質，提取出來，是理想的強心劑。

海水煉金

西元 1919 年，德國化學家哈柏（Fritz Haber）認為，海裡含有 550 萬噸黃金，只要能提取其中的 1/10，就有 55 萬噸。因此他向德國政府提出建議，並制定了詳細實驗方案。德國政府同意該計畫，並派一艘流星號海洋調查船供他使用。哈柏把流星號改建成一艘用於海水淘金的活動工廠。流星號在大西洋上，不斷從海中提取出金屬。

但由於海水中黃金的濃度太低，每噸海水含金量不超過 0.000006 克，儘管處理了一噸又一噸的海水，得到的黃金卻少之又少。1928 年，哈柏承認了自己的失敗。

儘管哈柏的計畫失敗，但人們並未放棄從海水中淘金的宏願。美國科學家曾在卡羅來納提溴工廠實驗，用 12 噸海水提取出 0.09 毫克的黃金，價值 0.0001 美元。世界上現在已有 50 個以上的海水淘金專利，但無一人購買任何一個專利。

海洋工程

能源工程

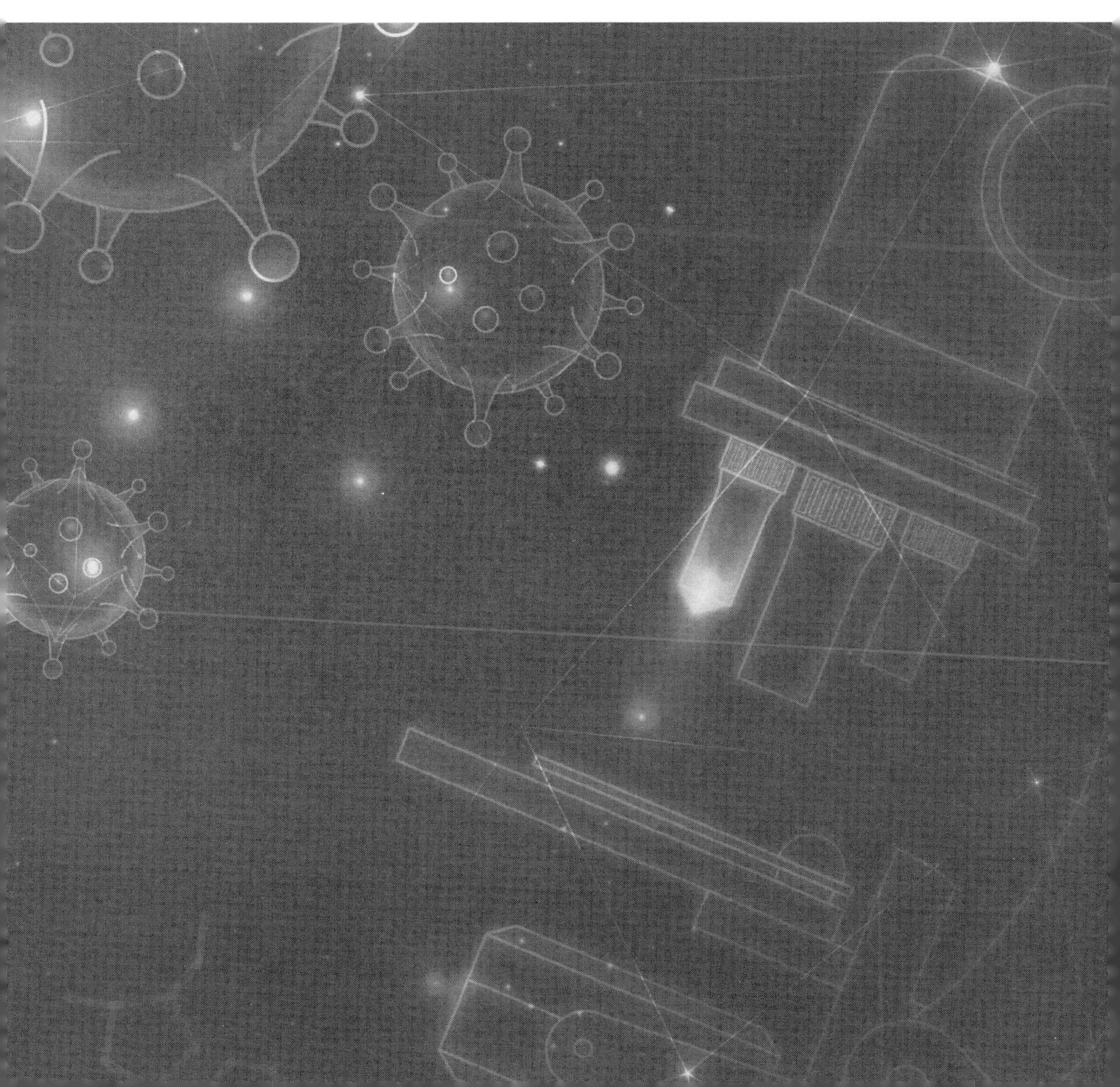

能源

能源是自然界中能為人類提供某種形式能量的物質資源，是指能夠直接取得或者透過加工、轉換而取得有用能的各種資源，包括煤炭、原油、天然氣、煤層氣、水能、核能、風能、太陽能、地熱能、生質能等一次能源，以及電力、熱力、成品油等二次能源，以及其他新能源和可再生能源。

能源是人類活動的物質基礎，人類社會的發展離不開優質能源的出現和先進能源技術的使用。如今，能源的發展，能源和環境，是全世界人類共同關心的問題。

- **最初的能源**：對人類來說，肌肉力量是最初的能源。在距今數萬年前的原始時代，人類已懂得利用火的熱能，並馴養動物以利用獸力等。大約西元前 4,000 年，人類開始使用帆船，說明當時的人已經懂得利用風能。
- **化石燃料**：也叫石化能源，是一種碳氫化合物或其衍生物。化石燃料所包含的天然資源有煤炭、石油和天然氣，化石燃料的運用能使大規模工業得到發展。到目前為止，世界各國所用的燃料幾乎都是化石燃料，即石油、天然氣和煤。

  然而，自然界經歷幾百萬年逐漸形成的化石燃料，可能在幾百年內全部被人類消耗殆盡。
- **煤炭**：一種固體可燃有機岩，是古代植物埋藏在地下經歷了複雜的生物化學和物理化學變化逐漸形成的固體可燃性礦物，俗稱煤炭。

  17 世紀末，蒸汽機發明後，歷史正式進入煤炭時代，煤炭被譽為黑色的金子、工業的食糧。煤炭儲量巨大，加上科學技術飛速發展，煤炭汽化等新技術日趨成熟，成為人類生產生活中的無可替代的能源之一。

太陽能

太陽蘊藏著巨大能量。在太陽內部進行的由「氫」聚變成「氦」的原子核反應，不停釋放出巨大的能量，並不斷向宇宙空間輻射能量，這種能量就是太陽能。

太陽內部的這種核融合反應，可以維持幾十億至上百億年的時間。太陽每秒鐘照射到地球上的能量，相當於燃燒 500 萬噸煤釋放的熱量，地球上幾乎所有能源都來自太陽。可以說，太陽是人類的「能源之母」，沒有太陽能，就沒有人類的一切。

經過長期研究，科學家們發現，太陽內無時無刻不在進行著核融合反應，每秒鐘約有 400 萬噸氫轉化為氦，並以巨大的功率向周圍輻射能量，其中約二十億分之一能到達地球的大氣高層。

太陽能發電站

通常太陽能發電站屬於太陽能熱力發電站，也就是把太陽的輻射聚集起來變成熱能，熱能再變成機械能，再將機械能變為電能。這種發電站的主要工作環節包括集熱過程、輸熱過程、蓄熱和熱交換的儲熱過程、熱能轉化為機械能過程和機械能轉化為電能過程。

太陽能飛機

以太陽輻射作為推進能源的飛機，稱為太陽能飛機。

太陽能飛機的動力裝置由太陽能電池組、直流電動機、減速器、螺旋槳和控制裝置組成。

西元 1980 年代初，美國研發出太陽挑戰者號單座太陽能飛機。這架飛機於 1981 年 7 月由巴黎成功飛到英國，平均時速 54 公里，航程 290 公里。

2007 年 11 月，瑞士展出了「陽光脈動」太陽能飛機樣機。該機在 2011 年開始環球飛行，是太陽能飛機歷史上首次載人作晝夜、長距離的飛行。

太空太陽能發電站

在大氣層以上接收太陽能，比地面能接收的多出好幾倍。所以，人們就設想將太陽能發電站搬到太空去，如同發射通訊衛星那樣，把太陽能發電裝置送到離地球約 3.6 萬公里的軌道上，讓它在外太空始終跟隨太陽的光熱。

太陽能電池

太陽能電池是一種以太陽能光電效應將太陽光能直接轉化為電能的元件，是一個半導體光電二極體，當太陽光照到光電二極體上時，光電二極體就會把太陽的光能變成電能，產生電流。當許多個電池串聯或並聯起來，就可以成為有比較大的輸出功率的太陽能電池方陣了。

太陽能電池是一種大有前途的新型電源，具有永久、乾淨和靈活的優點。太陽能電池壽命長，只要太陽存在，太陽能電池就可以一次投資而長期使用，不會引起環境污染。

太陽帆

太陽帆是利用太陽光的光壓進行宇宙航行的一種太空飛行器。由於其推力很小，所以不能作為太空船從地面起飛，但在沒有空氣阻力存在的太空，這種小推力仍然能為有足夠帆面面積的太陽帆提供巨大的加速度。如果先用火箭把太陽帆送入低軌道，則憑藉太陽光壓的加速，它可從低軌道升到高軌道，甚至加速到第二、第三宇宙速度，飛離地球，飛離太陽系。如果帆面直徑為 300 公尺，可把 0.5 噸重的太空船在 200 多天內送到火星；如果直徑大到 2,000 公尺，可使 5 噸重的太空船飛出太陽系。

小知識 —— 太陽能人工湖

科學家研究發現，淡水湖在白天經過太陽晒後，夜晚會將積蓄的熱散掉。表面的湖水先冷卻，比重加大而下沉，下面的水溫高，相對來說比重小就上浮，並把熱量散掉，這樣循環的結果，湖水上下溫度就逐漸一樣了。而鹹水湖就不同，表面的水即使溫度下降也不下沉，因為下層的湖水含鹽量高，比重大，不會上浮，這樣湖底的熱量就帶不到湖面向空氣中散失。因此，鹹水湖被太陽晒久後，湖底的溫度會越積越高，而難以透過湖水將熱再散發出去。

根據這個特性，科學家們嘗試著利用鹹水湖儲存太陽能。西元 1948 年，以色列一位太陽能專家設想利用人造鹹水湖收集、儲存的太陽能取暖和發電。1960 年代初，以色列政府按照這一設想在死海岸邊建立了一個 625 平方公尺的人工小湖，湖水中的鹽分模仿天然鹹水湖中的成分。在太陽照射下，這個人工湖在 80 公分深處的水溫達到了 90℃。

1987 年，日本也建成了一個人工熱水湖，面積為 1,500 平方公尺。利用湖中的熱水，既可供熱取暖，也可發電。1990 年，義大利阿吉普公司在迪薩沃亞的鹽田中，也建造了一個收集太陽能的人工鹹水湖，可使湖水溫度達到 90℃。義大利的一名女物理學家贊格拉多還建造了一座創世界紀錄的人工鹹水湖，竟使湖底水溫達到 105℃，達到了水的沸點以上。

水資源與水能

地球上的水資源包括大氣降水、地表水和地下水。這三部分相互連通、相互轉換、相輔相成，其中，於人類息息相關的陸地上淡水資源，如河流水、淡水、湖泊水、地下水和冰川等，僅占地球上水體總量 2.53%左右。

目前，人類比較容易利用的淡水資源主要是河流水、淡水湖泊水，以及淺層地下水。水能資源是指水體的動能、位能、壓力能等能量資源，主要有河流水能和海洋水能，屬於可再生資源。

- **水力發電**：水力發電是利用河川、湖泊等位於高處具有位能的水流至低處，將其中所含的位能轉換成水輪機的動能，再藉水輪機為原動機，推動發電機產生電能。

  水力發電也是利用水能的主要形式。水力資源是可再生能源，不必消耗其他動力資源，發電成本較低；另外，築壩攔水形成水面遼闊的人工湖，控制了水流，所以興建水力發電廠通常都兼有防洪、灌溉、航運、供水及旅遊等多種效益。
- **渦輪發電機**：渦輪發電機中，旋轉的渦輪帶動馬達產生電力，水庫的強力輸水通道提供強大的水流，渦輪於是得到足夠的動力旋轉。接著，水流從渦輪中央流走，通過水流管流出。

  渦輪發電機是內燃機的一種，常用作飛機與大型的船舶或車輛的引擎。
- **水力發電站**：將水能轉換為電能的綜合工程設施。通常包含由擋水、洩水建築物形成的水庫和水電站引水系統、發電廠房、機電設備等。水庫的高水位水經引水系統流入廠房推動水輪發電機組發出電能，再經升壓變壓器、開關站和輸電線路輸入電網。

海洋能

海洋能是指依附在海水中的可再生能源。海洋透過各種物理過程接收、儲存和散發能量，這些能量以潮汐、波浪、溫度差、鹽度梯度、海流等形式存在於海洋之中。

海洋能是海水運動過程中產生的可再生能，主要包括溫差能、潮汐能、波浪能、潮流能、海流能、鹽差能等。其中，潮汐能和潮流能源自月球、太陽和其他星球引力，其他海洋能均源自太陽輻射。

潮汐能和潮汐發電

因月球引力的變化引起潮汐現象，潮汐導致海水平面週期性升降，因海水漲落及潮水流動所產生的能量，就被稱為潮汐能。

潮汐能是以位能形態出現的海洋能，是指海水潮漲和潮落形成的水的位能與動能。與普通水利發電原理類似，潮汐發電通過出水庫，在漲潮時將海水儲存在水庫內，以位能的形式保存，然後在落潮時放出海水，利用高、低潮位之間的落差，推動水輪機旋轉，帶動發電機發電。

海流能和海流發電

海流能是指海水流動的動能，主要是指海底水道和海峽中較為穩定的流動，以及由於潮汐導致的有規律的海水流動所產生的能量。海流能的能量與流速的平方和流量成正比。潮流能隨潮汐的漲落每天改變兩次大小和方向。

通常來說，最大流速在 2 公尺 / 秒以上的水道，其海流能均有實際開發的價值。海流能的利用方式主要是發電，其原理和風力發電相似，幾乎每一個風力發電裝置都可以改造成為海流能發電裝置。海流裝置可安裝固定在海底，也可安裝在浮體底部，而浮體由錨鏈固定於海上。

波浪能和波浪發電

波浪能是指海洋表面波浪所具有的動能和位能。波浪能與波高的平方、波浪的運動週期以及迎波面的寬度成正比。波浪能是海洋能源中能量最不穩定的一種能源，是由風把能量傳遞給海洋而產生的，實際上是吸收風能而形成。

波浪能能量密度高、分布廣，是一種無盡的可再生乾淨能源。波浪發電是波浪能利用的主要方式。浪能發電是透過波浪能裝置將波浪能首先轉換為機械能（液壓能），然後再轉換成電能。小功率的波浪能發電，已在導航浮標、燈塔上應用。

波力發電

波力發電是將波力轉換為壓縮空氣來驅動空氣透平發電機發電。當波浪上升時，便將空氣室中的空氣頂上去，被壓空氣穿過正壓水閥室進入正壓氣缸，並驅動發電機軸伸端上的空氣透平，使發電機發電。當波浪落下時，空氣室內形成負壓，使大氣中的空氣被吸入氣缸，並驅動發電機另一軸伸端上的空氣透平，使發電機發電，其旋轉方向不變。從中排出的空氣進入負壓氣缸，再穿過負壓水閥室並到達負壓空氣室。

海洋溫差發電

海洋中上下層水溫的差異，蘊藏著一定的能量，叫做海水溫差能，或稱海洋熱能。利用海水溫差能可以發電，主要是利用海洋熱能轉化技術把深海水抽到海面，使冷水遇到海面高溫水發生汽化，推動渦輪發電機發電。

現在新型的海水溫差發電裝置，是把海水引入太陽能加溫池，把海水加熱到 45 ～ 60℃，有時可高達 90℃，然後再把溫水引進保持真空的汽鍋蒸發進行發電。用海水溫差發電還具有海水淡化功能，一座 10 萬千瓦的海水溫差發電站，每天可產生 378 立方公尺的淡水。

小知識 —— 雨雪發電

我們知道，積雪的溫度是 0℃以下，雪中蘊藏著巨大的冷能，因此科學家提出了利用積雪發電的大膽構想。它的工作原理是：將蒸發器放在地面上，將凝縮器放在高山上，再用兩根管子將它們連接在一起，然後抽出管內空氣，用地下熱水使低沸點的氟利昂氣化，並以雪冷卻凝縮器。由於氟利昂的沸點很低，加上管內被抽空，所以它會沸騰起來，變成氣體快速向管子的上端跑去，衝出汽輪機旋轉，從而帶動發電機發電。實驗證明，1 噸雪可把 2 ～ 4 噸氟利昂送上蓄液器，可見雪的發電本領是十分驚人的。

目前，科學家們研究雨能的利用已獲得成功，它是利用一種葉片交錯排列，並能自動關閉的輪子，輪子的葉片可以接受來自任何方向的雨滴，並能自動開關，使輪子一側受力大，另一側受力小，從而在雨滴衝擊和慣性的作用下高速旋轉，驅動馬達發電。雨能電站可以彌補地面太陽能站的不足，使人類巧妙而完美的應用太陽能、風能、雨能。

風能

風能是地球表面大量空氣流動所產生的動能。由於地面各處受太陽輻射後氣溫變化不同和空氣中水蒸氣的含量不同，因而引起各地氣壓的差異，在水平方向高壓空氣向低壓地區流動，即形成風。風能資源決定於風能密度和全年累積的可利用風能時數。風能資源受地形影響較大，世界風能資源多集中在沿海和開闊大陸的收縮地帶，如美國的加利福尼亞州沿岸和北歐。這些地區適合發展風力發電和風力抽水。

風能的利用主要是以風能作動力和風力發電兩種形式，其中又以風力發電為主。以風能作動力，就是利用風來直接帶動各種機械裝置，如帶動水泵抽水等。

目前，世界上約有 100 多萬臺風力提水機在運轉。澳洲的許多牧場，都設有這種風力提水機。在很多風力資源豐富的國家，還利用風力引擎鍘草、磨麵粉和加工飼料等。利用風力發電，以丹麥應用最早，而且使用較普遍。丹麥也是世界上風能發電大國和風力發電機的生產大國。

- **風力發電**：西元 19 世紀末，人們開始嘗試利用風力發電。1930 年代，丹麥、瑞典、美國等國應用航空工業的旋翼技術成功研發出一些小型風力發電裝置。但當時的發電量較低，大都在 5 千瓦以下。目前，人們已生產出單機發電量為上千萬瓦的風力發電機。
- **風力發電機**：風力發電機是風力發電的主要裝置，按其形狀及旋轉軸的方向可分為水平軸式和垂直軸式；按槳葉受力情況可分為升力型和阻力型；按葉數可分為單葉、雙葉、三葉和多葉型；按照風向可分逆風型和順風型。
- **風電場**：風電場是風力發電場的簡稱。場裡有多臺大型併網式的風力發電機按地形和主風向排成陣列，組成機群向電網供電。這些風力發電機就如同莊稼一樣排列在地面上，所以風電場也被稱作「風力田」。1980 年代初，風電場首先在美國的加利福尼亞州興起。

地熱能

地熱能是由地殼抽取的天然熱能，這種能量來自地球內部的岩漿，並以熱力形式存在，是導致火山爆發及地震的能量。地球內部的溫度高達 7,000℃，而在 80 ～ 100 公英里的深度處，溫度會降至 650 ～ 1,200℃。透過地下水的流動和岩漿湧至離地面 1,000 ～ 5,000 公里的地殼，熱力得以被轉送至較接近地面的地方。高溫的岩漿將附近的地下水加熱，這些加熱了的水最終會滲出地面。地熱能是可再生資源。

地熱發電

地熱發電是地熱利用的最重要方式。地熱發電是利用蒸汽的熱能在汽輪機中轉變為機械能，然後帶動發電機發電。地熱發電的過程，就是先把地下熱能轉變為機械能，然後再把機械能轉變為電能的過程。要利用地下熱能，首先需要有「載熱體」把地下的熱能帶到地面上來。

目前，能夠被地熱電站利用的載熱體主要是地下的天然蒸汽和熱水。按照載熱體類型、溫度、壓力和其他特性的不同，可把地熱發電的方式劃分為蒸汽型地熱發電和熱水型地熱發電兩類。

溫泉和熱泉

由於地球內部不斷發生的核反應，從而釋放出大量的熱能，更有地層封閉，熱量越積越多，就形成了地熱能。時間一久，透過岩體裂縫往下滲的地下水，與地下熱岩體廣泛接觸，就變成了熱水或高溫蒸汽。由於地下到地面常有裂縫連通，一部分熱水或蒸汽就能沿著斷裂處或裂縫上升，形成溫泉、熱泉和沸泉，或者形成噴氣孔和熱水湖。

生質能源

生質能源是蘊藏在生物質中的能量，是綠色植物透過葉綠素將太陽能轉化為化學能而儲存在生物質內部的能量。煤、石油和天然氣等化石能源均由生物質能轉變而來。

生質能是再生能源，通常包括木材及森林工業廢棄物、農業廢棄物、水生植物、油料植物、城市和工業有機廢棄物及動物糞便等。

生質能的優點是燃燒容易，污染少，灰分較低；缺點是熱值及熱效率低，體積大、不易運輸。直接燃燒生物質的熱效率僅為 10%～30%。

垃圾能源

面對氾濫的垃圾，世界各國的專家們已經積極採取有力措施，合理利用垃圾。從西元 1970 年代起，一些已開發國家便開始運用焚燒垃圾產生的熱量進行發電。歐美一些國家建起了垃圾發電站，美國某垃圾發電站的發電能力高達 100 兆瓦，每天處理垃圾 60 萬噸。德國的垃圾發電廠每年甚至要要花費鉅資從國外進口垃圾。

據估算，垃圾中的二次能源如有機可燃物等，所含的熱值高，焚燒 2 噸垃圾產生的熱量約等於 1 噸煤。

垃圾電站

垃圾電站是利用燃燒城市垃圾所釋放的熱能發電的火電廠。

垃圾發電與常規火力發電過程大致相同，但需要設置密閉垃圾堆料倉，以防止污染環境；需設輔助燃料油供給系統，以解決垃圾熱值低難以點燃的問題；廢氣要嚴格淨化處理，以防止二次污染；需有一套特殊的廢水處理系統，以處理卸料車、卸料間的沖洗廢水。

利用垃圾發電，不僅可以減少垃圾堆放，消除細菌和傳染病傳播，減少大氣污染，還可從中獲得一定量的電能。

沼氣

人們經常看到在沼澤地、污水溝或糞池裡有氣泡冒出來，如果點一根火柴，就可以把它點燃，這就是天然沼氣。

沼氣是各種有機物質隔絕空氣，並在適宜的溫度、溼度下，經過微生物的發酵作用而產生的一種可燃燒氣體。

沼氣的主要成分是甲烷。由於沼氣中含有少量硫化氫，所以略帶臭味。沼氣除了直接燃燒用於炊事、烘乾農副產品、供暖、照明和氣銲等外，還可作內燃機的燃料以及生產甲醇、福馬林、四氯化碳等化工原料。經沼氣裝置發酵後排出的料液和沉渣含有較豐富的營養物質，可用作肥料和飼料。

沼氣池

也叫發酵池，是使有機物經微生物分解發酵、產生沼氣的裝置。

現在使用較多的是水壓式沼氣池，其主池為圓形，採用直管進料，蓋板為活動式，池頂用泥土覆蓋，從而達到保溫和承受儲氣間內的氣體壓力的效果。

綠色植物中的生質能源：到達地球的太陽輻射能的 0.024%被綠色植物的葉子捕獲，成為植物體內的碳氫化合物等有機物質的化學能，在植物燃燒時就變成生物質能。

在地球表面上，每年透過光合作用產生的生物質能總量達 1,440 ～ 1,800 億噸，是西元 1990 年代初全世界一年所消耗的能源的 3 ～ 8 倍。但是，生物質能並未被人們合理利用，大多數植物直接被當作柴火燒掉，不僅效率低，還影響生態環境。

核能

核能也叫原子能，是原子核發生變化時釋放出來的能量，如重核分裂和輕核融合時所釋放的巨大能量。放射性同位素放出的射線在醫療衛生、食品保鮮等方面的應用也是原子能應用的重要方面。

核分裂

是由一個原子核分裂成數個原子核的變化，從重的原子，主要是指鈾或鈈，分裂成較輕的原子的一系列核反應。這些原子的原子核在吸收一個中子後，分裂成兩個或更多個品質較小的原子核，同時釋放出 2 ～ 3 個中子和巨大能量，接著再使其他原子核發生核裂變……這種持續進行的過程稱作連鎖反應。

原子核在發生核分裂時，釋放出巨大能量，1 公斤 U-235 全部核分裂產生的能量與燃燒 300 萬噸煤釋放的能量相當。

核融合

指由品質小的原子，主要是指氘或氚，在一定條件下（如超高溫和高壓），發生原子核互相聚合作用，生成新的更重的原子核，並伴隨巨大的能量釋放的一種核反應形式。

原子核中蘊藏著巨大的能量，原子核的變化（從一種原子核變化為另外一種原子核）也往往伴隨著能量的釋放。如果是由重的原子核變化為輕的原子核，叫核分裂，如原子彈爆炸；如果是由輕的原子核變化為重的原子核，叫核融合，如太陽發光發熱的能量來源。

核燃料

可在核反應爐中透過核分裂或核融合產生實用核能的材料。重核的分裂和輕核的融合是獲得實用鈾棒核能的兩種主要方式。鈾 235、鈾 233 和鈈 239 是能發生核裂變的核燃料，又稱分裂核燃料。氘和氚是能發生核融合的核燃料，又稱聚變核燃料。核燃料在核反應爐中「燃燒」時產生的能量遠大於化石燃料，1 公斤鈾 235 完全分裂時產生的能量約相當於 2,500 噸煤。

核電站

核電站是利用核分裂或核融合反應所釋放的的能量產生電能的發電廠。目前，商業運行中的核能發電廠都是利用核分裂反應而發電的。

核電站通常分為利用原子核分裂生產蒸汽的核島和利用蒸汽發電的常規島。核電站使用的燃料通常是放射性重金屬：鈾、鈈。現在世上最普遍的民用核電站，大多是壓水反應爐核電站，其工作原理是用鈾製成的核燃料在反應堆內分裂並釋放出大量熱能；高壓下，循環冷卻水把熱能帶出，在蒸汽發生器內生成蒸汽，推動發電機旋轉。

核輻射與安全防護

如果人體受到超過一定標準的核輻射，免疫系統就會受損，並誘發像白血病一類的慢性放射病，所以核電站的安全防護非常重要。其措施的重點，在於防止反應堆中的放射性核分裂產物洩露到周圍的環境。所以，核電站通常會將核燃料及其產物嚴密禁錮在三道屏障內：第一層屏障是核燃料組件的包殼，由鋯合金管或不鏽鋼製成；第二層屏障是壓力殼，壓力殼需能承受 17.7 兆帕的壓力和 350°C的溫度；第三層屏障是安全殼，也就是反應爐廠房。

核供熱

核能的利用不僅僅限於發電，核供熱也日益受到重視，它同樣可以取代其他化石燃料。某些國家已經開始推廣低溫核供熱爐，直接提供熱能，以替代燃煤供熱、取暖，解決生產和生活中所需的熱水或蒸汽。

核武器系統

核武器是利用進行核分裂或融合反應釋放的能量，產生爆炸作用，並具有大規模殺傷破壞效應的武器。

核武器系統通常由核彈頭、投射工具和指揮控制系統等部分構成，核彈頭是其主要構成部分。核彈頭常與核裝置、核武器這兩個名稱互代使用。實際上，核裝置是指核裝料、其他材料、起爆炸藥與雷管等部件組合成的整體，可用於核子實驗，但通常還不能當作可靠武器，核武器則指包括核彈頭在內的整個核武器系統。

核能的利與弊：核能是地球上儲量最豐富的能源，又是高度濃縮的能源，使用乾淨而便宜，因此也被看作是解決世界能源問題的必經之路。核電站、核供熱、核潛艇等的投入使用，也使人們看到了核能利用的遠大前景。然而，由於核電站放射廢料的處理依然未能找到完全安全、有效的方法，核能利用的風險也並未完全消除，所以安全防護工作依然一點都不能放鬆。

科技，生活加值中：

仿生技術 × 全像攝影 × 磁浮列車，科技就是人類和自然共譜的協奏曲！

作　　者：盧祖齊
發 行 人：黃振庭
出 版 者：崧燁文化事業有限公司
發 行 者：崧燁文化事業有限公司
E-mail：sonbookservice@gmail.com
粉 絲 頁：https://www.facebook.com/sonbookss/
網　　址：https://sonbook.net/
地　　址：台北市中正區重慶南路一段六十一號八樓 815 室
Rm. 815, 8F., No.61, Sec. 1, Chongqing S. Rd., Zhongzheng Dist., Taipei City 100, Taiwan
電　　話：(02)2370-3310
傳　　真：(02)2388-1990
印　　刷：京峯彩色印刷有限公司（京峰數位）
律師顧問：廣華律師事務所 張珮琦律師

定　　價：375 元
發行日期：2023 年 01 月第一版
◎本書以 POD 印製

國家圖書館出版品預行編目資料

科技，生活加值中：仿生技術 × 全像攝影 × 磁浮列車，科技就是人類和自然共譜的協奏曲！ / 盧祖齊著. -- 第一版. -- 臺北市：崧燁文化事業有限公司, 2023.01
　面；　公分
POD 版
ISBN 978-626-332-909-6(平裝)
1.CST: 科學技術 2.CST: 通俗作品
400　　111018620

電子書購買

臉書